全国测绘地理信息虚拟仿真系列教材

地图制图技术及应用

主　编　张金兰　申　晨　郭宝宇

副主编　王帅帅　朱安峰　沈金祥

　　　　曾丽波　喻怀义

武汉大学出版社

图书在版编目(CIP)数据

地图制图技术及应用 / 张金兰,申晨,郭宝宇主编 . -- 武汉 : 武汉大学出版社, 2025.8. -- 全国测绘地理信息虚拟仿真系列教材. -- ISBN 978-7-307-25122-9

Ⅰ. P28

中国国家版本馆 CIP 数据核字第 2025L44S71 号

责任编辑:史永霞　　　责任校对:杨 欢　　　版式设计:马 佳

出版发行:**武汉大学出版社** 　(430072　武昌　珞珈山)

(电子邮箱:cbs22@whu.edu.cn 网址:www.wdp.com.cn)

印刷:武汉中科兴业印务有限公司

开本:787×1092　1/16　印张:14.25　字数:344 千字　插页:1

版次:2025 年 8 月第 1 版　　2025 年 8 月第 1 次印刷

ISBN 978-7-307-25122-9　　定价:46.00 元

前　言

进入 21 世纪以来，在地理信息科学领域，地图制图技术经历了从传统纸质媒介向数字化、智能化和动态化地理信息系统的范式转变。现代地图已超越空间认知工具的传统功能，发展成为智慧城市构建、环境动态监测、灾害风险评估与预警、公共空间治理等应用领域的核心地理信息平台。随着地理大数据分析、地理空间人工智能、三维地理可视化等前沿技术的发展，地图在空间表达范式、地理分析方法及多领域融合应用等方面正经历着深刻的变革。

本教材基于地理信息科学的最新发展趋势，结合 GeoScene Pro 地理信息系统(GIS)平台，系统阐述地图制图的理论方法与实践技术，涵盖地图数学基础、符号设计、专题制图、三维建模及新形态地图制作等内容，旨在实现理论与实践的有机结合。通过本教材的学习，读者将理解地图学的基本概念，包括地图的定义、特征、分类体系及地理数据来源；掌握地图的数学基础，如坐标系、投影变换及高程系统等；熟练运用地图符号系统，科学设计点状、线状、面状符号，并合理配置色彩与注记；完成各类专题地图制作，如矿产资源分布示意图、交通路线图、生态环境质量图等典型应用案例；探索三维地理可视化与智慧应用，包括智慧城市、智慧园区、智慧管线等场景的可视化分析；了解新形态地图表达技术，如台风路径图、传播链条图等动态可视化表达。

本教材采用"项目引领、任务驱动"的课程架构，构建了"项目—任务—知识点/技能点"三级教学体系。该架构既保证了地图制图学科知识的系统性和完整性，又强化了地理信息技术应用的实践性和可操作性，同时通过思政元素的有机融入，引导学生在专业技能习得过程中同步提升职业素养，树立科学的世界观和正确的价值观。

本教材在内容组织上有以下特色：采用理论与实践深度融合的课程设计范式，各知识单元均配置相应的实践训练任务；注重技术体系构建的完整性与前沿性，在系统阐述地图学基础理论的同时，整合了三维 GIS 建模、地理空间大数据分析等新兴技术；构建了多维度的教学资源体系，配套提供标准化电子教案(含教学演示文稿)、规范化操作视频资源(支持移动端扫码访问)、结构化实训数据集(覆盖各教学项目需求)等立体化教学支持材料。

本教材由张金兰、申晨、郭宝宇担任主编，由王帅帅、朱安峰、沈金祥、曾丽波、喻怀义担任副主编，由张金兰负责统稿。在编写过程中，我们得到了行业专家和合作单位的大力支持，特别感谢各参编院校教研团队的辛苦付出，感谢易智瑞信息技术有限公司广州分公司技术团队提供的专业技术支持与培训，以及实验数据的共享；同时，衷心感谢广州南方测绘科技股份有限公司在虚拟仿真教学资源开发方面提供的技术支持与协作。

本教材旨在通过系统化的知识体系构建和实践训练，让读者掌握现代地图制图的核心技术方法，提高地理空间思维能力和创新应用能力，为未来从事地理信息科学领域的工作

1

奠定坚实基础。随着地理信息技术的快速发展和行业应用的不断深化，我们将持续关注技术前沿，定期更新教材内容，确保其技术的先进性和教学的适用性。

本书适用于地理信息科学、测绘工程、遥感科学与技术、地理教育等学科的专业教材，也可供从事地图编制及应用、GIS 分析应用、空间信息服务等工作的人员参考。

鉴于地理信息技术的发展日新月异，加之编者水平有限，书中难免存在疏漏与不足之处。我们诚挚欢迎广大读者提出宝贵意见与建议，以便后续不断完善教材内容，提升教材质量。

编者

2025 年 4 月于广州

目　　录

项目1 地图概述

项目概述

"一图胜千言"，地图既是人类认知客观世界的成果，也是人类认识客观世界的重要工具。它不仅能够准确反映制图对象的形态特征及其相互关系，还能揭示空间现象的分布规律与动态变化。通过本项目的学习，学生能够掌握地图的基本特性，理解地图的构成要素与分类体系，熟悉地图的各项功能，并了解地图的发展历程以及未来趋势。

学习目标

≫ 知识目标 ≪

- ✓ 理解地图的含义。
- ✓ 掌握地图的特征及构成要素。
- ✓ 掌握地图的分类。
- ✓ 熟悉地图的数据来源。
- ✓ 了解地图的成图方法和过程。
- ✓ 了解地图及地图学的发展历史和趋势。
- ✓ 了解地图制图的常用软件。

≫ 技能目标 ≪

- ✓ 会判断什么样的图是地图。
- ✓ 会判断地图的类型。
- ✓ 能说出地图的功能。
- ✓ 能说出地图的使用领域。

≫ 素养目标 ≪

✓ 地图作为与音乐、绘画并列的世界三大通用语言之一，能够跨越自然语言与文化差异。地图的艺术价值是地图评价体系的重要组成部分。赏析文创地图等作品，可有效提升审美能力与人文素养。

✓ 理解地图对地理要素表达的准确性和科学性，如对国界划绘的正确性，强化国家版图意识和主权观念，提升政治素养。

✓ 地图应用领域广泛，通过对地图制图原理与应用技术的学习，培养专业能力，树立职业自信，为社会发展贡献力量。

任 务 1.1　认 识 地 图

知识点 1.1.1　地图的含义

微课：地图是什么

　　地图学是一门古老而又充满活力的学科。说它古老，是因为它的起源不晚于文字，作为国际上公认的三大通用语言（地图、音乐、绘画）之一，地图跨越了自然语言和文化差异，具有广泛的认知性。说它充满活力，是因为随着社会发展需求的变化，地图的内容不断丰富，精度持续提高，表现形式日益多样化，制图理论不断完善，制图技术随着科技进步而不断革新。在科技高速发展的今天，地图已成为国民经济建设、科学研究和日常生活的重要工具，而地图学作为一门独立的学科，已形成完整的理论体系、技术方法和应用领域。

　　地图的概念经历了持续的演进过程，其内涵随着时代发展和科技进步而不断拓展。

　　传统意义上，人们曾将地图定义为"地球表面在平面上的缩写"或"地球在平面上的缩影"。这一定义虽通俗易懂，但存在明显的局限性：首先，该定义同样适用于航摄影像、卫星影像甚至风景画等；其次，它将地图局限于地球表面表达，而现代地图不仅能表示自然地理现象，还能展现人文社会现象的空间分布、相互关系及动态演变。现代地图既可宏观呈现全球格局，又可微观展示区域细节；既能表达具体地理要素，又能表现抽象地理概念；既可反映现状，又可进行预测分析；既能呈现静态特征，又能展示动态过程。

　　随着社会发展，地图的应用领域持续扩展，科学价值不断提升，人们对地图的认知也日益深化。结合现代地图制图技术的发展，我国地图学界普遍认同的定义：现代地图是依据严密的数学法则，运用特定的符号系统，将地球或其他天体的空间现象，通过二维或多维、静态或动态、数字或触觉等形式，采用抽象概括与比例缩小的方式表现在平面或球面上，科学地表达与传递事物时空分布、质量特征及相互关系的技术成果与认知工具。

知识点 1.1.2 地图的特征

地图具有可量测性、直观性、一览性的特点。

1. 可量测性

风景画和摄影影像均基于透视投影原理，其成像特征随观测点位的变化而改变，表现为近景物体影像比例较大、远景物体影像比例较小，这种非线性变形不符合空间量测的精度要求。未经校正的航空摄影像片属于中心投影，受地形起伏和飞行姿态影响，像片各部位比例尺不一致，难以精确确定地物空间位置和实现严密定向。卫星遥感影像同样存在类似的投影变形问题。

微课：地图的特征与定义

地图是依据严密的数学法则构建的，具有完整的数学基础，包括坐标系、地图投影、比例尺和定向系统。这一数学基础保证了地图的可量测性，使其能够准确测定点位坐标、线状要素的长度与方位、面状区域的面积等空间数据。

2. 直观性

风景画、地面照片、航空像片和卫星影像等均采用写实方式记录地表可见要素，但受限于其表达形式，难以准确反映温度、日照、工农业产值、地质构造、土壤性质等非直观特征。相比之下，地图并非简单地对地物进行比例缩小，而是通过专业的地图语言系统，包括符号系统、色彩系统、注记规范等，实现对地理要素的科学表达与综合取舍。

地图符号系统表达地理要素具有以下显著优势：

①实现地物形态的高度抽象化。实地要素往往具有复杂的几何特征，使用地图符号系统对其进行科学分类、分级和符号化表达，能够显著简化其图形特征。这种抽象表达方式确保地图在不同比例尺下都能保持清晰的符号识别性。

②能够突显关键性微型地物。实地存在的测量控制点、泉水露头、航标灯塔、检修井等微型要素，虽然几何尺寸有限，但具有重要的功能价值。这类要素在航空影像或卫星影像中往往难以辨识甚至无影像显示，而使用地图符号系统的规范化设计，可以确保其获得准确的空间表达。

③突破空间叠置的表达限制。遥感影像受限于其成像原理，难以显示被遮挡的地理要素；而地图通过符号系统的科学设计，能够完整表达空间重叠现象。地下设施(管线、隧道、建筑等)、地质构造(矿藏、冻土层等)均可通过专业符号准确呈现。特别对于植被覆盖区的地貌特征，地图可通过等高线配合高程注记，精确表达坡向、高程及高差等地形要素，实现立体特征的可视化表达。

④实现要素质量特征的符号化表达。遥感影像难以直接反映地理要素的数量特征和质量属性，如水文特征(水质、水深、流速)、土地利用类型、建筑物功能属性、道路铺装材料、桥梁承载能力等；而地图制图通过规范的符号系统、色彩设计和注记配置，可对这些质量特征进行准确的分类分级表达。

⑤实现无形现象的可视化表达。诸多自然与社会现象，如行政区划界线、降水等值

线、人口统计数据(人口密度、教育水平等)、经济指标(工业产值等)以及历史变迁过程等，均缺乏直接的视觉形态，无法通过遥感影像获取。地图制图通过专题符号系统、等值线法、分级统计图法等专业表达手段，可将这些抽象现象转化为可视化空间信息。

综上所述，地图通过符号化语言实现了对客观实体的抽象表达与信息压缩，具有显著的空间认知优势。作为地理信息的载体，地图既能宏观呈现区域格局，又能微观展示关键地物；既可表达定性特征，又可量化属性数据。这种科学的可视化模型，既是对客观世界的认知成果，又是开展空间分析的重要工具，在科学研究和社会应用中发挥着不可替代的作用。

3. 一览性

地球表面的地理要素具有高度的复杂性和多样性，而地图幅面存在客观限制，不可能完整呈现所有地理现象。制图过程中，需要采用系统化的抽象方法：首先，进行分类分级处理，对具有相似属性和规模特征的要素赋予统一符号表达(初级抽象)；其次，随着比例尺缩小，必须实施制图综合，包括要素选取(保留主要要素、舍弃次要要素)和图形概括(简化轮廓细节、减少分类等级)，以确保地图内容的典型性和代表性。制图综合作为地图学的核心方法，有效解决了有限表达空间与无限地理信息之间的矛盾。

制图综合使地图呈现的地理要素并非简单地缩小比例，而是经过科学提炼的空间信息产品。这种处理方法通过建立要素等级体系，突出主要要素，弱化次要要素，清晰表达要素间的空间关系和内在联系，从而揭示地理现象的分布规律和本质特征，实现所谓的第二次抽象。这种科学的抽象过程赋予地图独特的空间认知优势，使其具有航空影像所不具备的整体性、系统性和规律性表达特征。

知识点 1.1.3 地图的构成要素

地图能够表达各类具有空间分布特征的事物或现象，包括自然要素与社会经济要素、具体实体与抽象概念、现状特征与历史变迁、有形物体与无形指标，以及已知事实与预测分析。这些内容通过科学的制图方法，最终归纳为地图的三大构成要素：数学要素、地理要素和辅助要素。

微课：地图构成
要素

1. 数学要素

地图的数学要素是依据严格数学法则构建的基础框架，为地图提供空间基准和量测依据。地图的数学要素包括坐标网、控制点、地图比例尺及指向标志等。

1）坐标网

坐标网是地图上用于确定点位坐标、测量方位角度、计算距离以及拼接相邻图幅的基础网格系统。通过地图投影，它将地球椭球面转换为平面，建立地表要素与平面坐标之间的严密数学关系，构成各类地图的数学基础，是地图不可或缺的核心要素。

地图的坐标网分为地理坐标网（又称为经纬网）和平面直角坐标网（又称为方里网格）两种。

地理坐标网是以特定经纬度间隔、按地图投影方法绘制的经纬线网格系统。各经纬线标注相应经纬度数值，既可用于确定任意点的地理坐标位置，又可作为地图要素转绘时的几何控制基础。采用不同的地图投影方法，地理坐标网在图上会呈现不同的几何形态。

平面直角坐标网是由平行于投影带中央经线的纵坐标线和平行于赤道的横坐标线构成的网格系统，用于精确定位地图要素和进行空间量算，其网格间距取决于地图用途和比例尺要求。

在某些特定情况下，地图可省略坐标网的绘制，例如制图区域范围较小，地图不用于精确量测，仅作为示意性略图使用等情况。

2）控制点

控制点是地图测量与制图的基准控制要素，通过将地表要素精确归算至地球椭球面并准确转换到投影平面，确保地图要素相对于坐标网保持正确的地理位置关系。

控制点主要包括三角点、埋石点、水准点和独立天文点等类型。在大比例尺地形图上，这些控制点均以特定符号分别表示；在 1∶25 万和 1∶50 万比例尺地形图上，仅表示三角点和独立天文点，其余控制点以高程点符号表示；而在更小比例尺地图上，所有控制点均统一采用高程点符号表示。

3）地图比例尺

地图比例尺是指地图上线段长度与地球椭球面上相应线段水平投影长度之比。由于地图投影必然产生变形，严格而言，地图上各点的比例尺（称为局部比例尺）存在差异，同一点不同方向的比例尺也可能不同（等角投影地图上各点比例尺不同，但同一点各方向比例尺相同）。仅在大比例尺平面图（表示地球表面有限区域的地图）中，因可忽略地球曲率的影响，比例尺可视为恒定。地图上标注的统一比例尺数值称为主比例尺或基本比例尺，

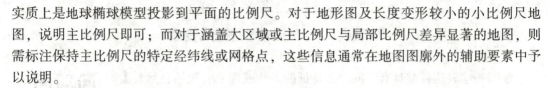

实质上是地球椭球模型投影到平面的比例尺。对于地形图及长度变形较小的小比例尺地图，说明主比例尺即可；而对于涵盖大区域或主比例尺与局部比例尺差异显著的地图，则需标注保持主比例尺的特定经纬线或网格点，这些信息通常在地图图廓外的辅助要素中予以说明。

4）指向标志

指向标志是用于指示地图北方向的方位标识线。在常规制图作业中，通常以图幅上边廓（正图廓）方向作为北方位，此时可省略指向标志；但当图幅定向不采用标准北方位时，则必须绘制指向标志以明确地图的北方基准。

2. 地理要素

地理要素是地图的核心内容，包含地图所表达的自然地理要素与社会经济要素（或称人文地理要素），涵盖其空间分布、属性特征、相互关系以及动态演变过程。

地理要素根据其性质，可分为自然地理要素和社会经济要素两大类。

1）自然地理要素

自然地理要素是指制图区域内的自然环境综合体，包括地质构造、地球物理特征、地形形态、水文特征（含河流、湖泊、海洋等）、气象气候条件、土壤特性、植被分布、动物群落以及自然灾害等。这类要素具有相对稳定性，其类型组成与质量特征是评估区域发展潜力的重要基础指标。

2）社会经济要素

社会经济要素是指由人类活动形成的各类空间实体及其关联现象，包括聚落体系（居民地等）、基础设施（交通网、通信设施、电力网络等）、行政管理界线、经济活动（工业产值、商业贸易等）、社会文化特征（历史遗迹、文化景观、政治军事设施等）、环境状况（污染分布与保护措施等）以及公共服务设施（医疗防治点、旅游接待设施等）等。这些要素的空间分布格局与发展水平直接反映区域的社会文明程度和综合发展状况。

3. 辅助要素

地图图廓外侧区域除标注图名、图号（图幅编号）外，还配置完整的辅助要素系统，包括工具性辅助要素和说明性辅助要素。这些辅助要素显著增强了地图的信息传达效果和实用功能。

1）工具性辅助要素

工具性辅助要素包括图例、图解比例尺、坡度尺、三北方向图、图幅接合表、图廓间注记等。

（1）图例

图例是地图符号系统的规范化说明，完整呈现地图中使用的所有符号及其对应地理要素。作为阅读地图的关键工具，图例能够帮助使用者准确理解地图所表达的各种地理要素及其分类体系。

（2）图解比例尺

地图上除标注数字比例尺（如1：2000）和文字比例尺（如"图上1厘米代表实地距离200米"）外，还需要配置图解比例尺，以提供直观的长度量测基准。

图解比例尺是用于地图距离量测的图形工具，主要分为两种类型：直线比例尺（适用于大中比例尺地形图，如图 1.1 所示）和复式比例尺（适用于小比例尺地形图，如图 1.2 所示）。根据地图类型的不同，其配置位置有所区别：地形图通常配置在南图廓外侧，而小比例尺地图则常与图例等要素一并配置在图廓内的适当空白位置。

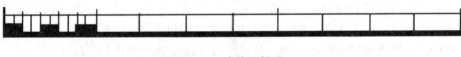

图 1.1　直线比例尺

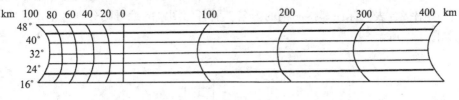

图 1.2　复式比例尺

（3）坡度尺

坡度尺是用于地图坡度量测的专业工具，通常仅配置于大比例尺地形图上，如图 1.3 所示。该工具通过量测相邻等高线（2~6 条）之间的垂直距离与水平距离之比，可准确测定地面坡度值。

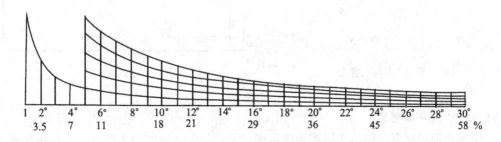

图 1.3　我国 1∶5 万地形图上的坡度尺

（4）三北方向图

为了满足地图使用需求，规定在大于 1∶10 万比例尺的地形图上必须绘制"三北"（真北、坐标北、磁北）方向及三个偏角示意图（图 1.4）。该图示既可用于确定地图的图面方位，也可用于实地罗盘定向。

①真北方向线。过地面上任意一点指向地理北极的方向称为真北，其方向线称为真北方向线或真子午线。地形图上的东西内图廓线通常与真子午线平行，其正北方向代表真北方向。对于一幅地图而言，通常将图幅中央经线的正北方向作为该图幅的真北方向。

②坐标北方向线。图上方里网的纵线被称为坐标纵线，它们平行于投影带的中央经线，纵坐标值递增的方向称为坐标北方向。在大多数地图投影中，坐标北方向线与真北方

向线并不完全一致。

③磁北方向线。实地磁针所指的方向称为磁北方向。它与真北方向(指向地理北极的方向)并不一致,磁偏角相等的各点连线构成磁子午线,这些磁子午线收敛于地球磁极。严格来说,实地上不同位置的磁北方向也存在微小差异。地图上表示的磁北方向是该图幅范围内若干实测点的平均值,地形图上通常以南北图廓点 P 和 P' 的连线表示该图幅的磁子午线,其正北方向即为该图幅的磁北方向。

需要说明的是,图 1.4 所示的"三北"方向示意图仅表示"三北"方向之间的相对位置关系,图中的角度并非按实际值绘制,各角度的具体数值以图中注记为准。

(5)图幅接合表

所有分幅地图均应附图幅接合表,用于说明与该图幅相邻图幅的名称和编号。我国现行地形图图幅接合表只标注邻接图幅的图名,而各邻图幅的编号则分别注记于相应外图廓线上,如图 1.5 所示。

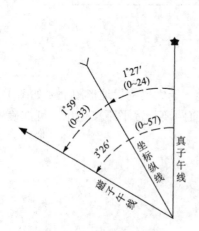

图 1.4　"三北"方向示意图

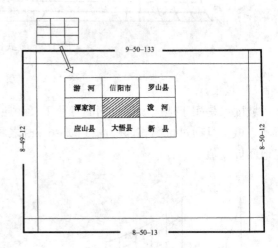

图 1.5　图幅接合表

2)说明性辅助要素

说明性辅助要素是指用于说明地图制图背景和数学基础的相关信息,主要包括制图单位、出版单位、成图时间(含编图及出版时间)、地图投影(小比例尺地图需特别注明)、坐标系统、高程系统以及资料来源说明等内容。

部分地图在图廓内空白处还会配置补充性资料,包括专题附图、统计图表以及文字说明等内容,用于对特定专题内容进行重点说明,从而完善和丰富地图信息表达。

知识点 1.1.4　地图的分类

随着社会经济的发展、国防现代化建设的推进以及人类对客观世界认知的深化，地图应用领域持续扩展，地图选题日益广泛，地图类型不断丰富，制图数量显著增长。为系统掌握各类地图特征，需建立科学的地图分类体系。对地图的分类可依据多种标准进行，主要标准包括地图主题(内容)、地图比例尺、制图区域、地图用途、使用方式及维度等，通过多角度划分可实现地图的科学归类。

微课：地图分类

1. 按地图主题(内容)分类

按地图主题(内容)的不同，地图可分为普通地图和专题地图两大类。

1)普通地图

普通地图是以均衡的详细程度综合反映制图区域自然地理与人文地理基本要素的地图类型。其主要特征在于全面表示水系、地貌、植被、居民地、交通网络、行政境界及独立地物等要素的空间分布规律及其相互关系，不对特定要素进行突出表达，着重体现区域地理环境的整体特征。

作为最基础的地图类型，普通地图具有高度的通用性和广泛的应用价值。它不仅直接服务于社会各领域的应用需求，而且作为专题地图制图的基础地理底图，为各类专题信息的空间表达提供参照框架。

根据内容综合程度与制图规范性的差异，普通地图可进一步划分为地形图与地理图两种基本类型。

(1)地形图

地形图是指按照统一的地图投影、分幅规范、比例尺系统和符号系统进行测绘或编制的普通地图。我国将 1∶500 至 1∶100 万共 11 种比例尺(包括 1∶500、1∶1000、1∶2000、1∶5000、1∶1 万、1∶2.5 万、1∶5 万、1∶10 万、1∶25 万、1∶50 万、1∶100 万)的地形图确定为国家基本地形图。这类地图严格遵循国家测绘标准与规范，具有以下特征：

①统一的数学基础；

②标准化的分幅编号系统；

③各类地理要素严格依据地形图图式进行表示。

与同比例尺普通地理图相比，地形图具有要素表示详细、几何精度高等特点。

(2)地理图

地理图是指除国家基本地形图之外的其他普通地图类型。相较于地形图，地理图具有以下典型特征：

①比例尺系统相对灵活，通常采用较小比例尺；

②投影方式可根据制图区域特点灵活选择；

③图幅范围不受标准分幅限制；

④内容表达注重区域综合特征，要素表示较为概略；

⑤要素选取原则与表示方法具有较大灵活性；

⑥符号系统可依据制图需求自主设计。

地理图在保持普通地图基本特性的同时，在数学基础、内容表达等方面具有较高的制图灵活性。

地理图采用高度概括的制图表达方式，综合反映大范围制图区域内最基本的地理要素及其空间分布特征。这类地图主要应用于：

①区域地理概况认知；

②自然地理环境特征分析；

③社会经济要素空间格局研究。

地理图因具有区域综览功能，在专业领域常被称为"一览图"。

2）专题地图

专题地图是以普通地图为地理基础，突出而详细地表示一种或几种特定要素或集中表现某个主题内容的地图。专题地图的关键要素是根据专门用途的需要来确定的，应当予以详细表示；其他地理要素则根据主题表达的需要，作为地理基础进行概略表示。主题要素既包括普通地图上固有的内容，更主要的是普通地图上没有的、满足专业领域特殊需求的内容，如人口分布、工业产值、交通运输、气候特征、水文要素等。

专题地图按制图对象内容的领域，分为自然地图、人文地图和其他专题地图。

（1）自然地图

自然地图是反映自然环境各要素或现象的质量与数量特征、空间分布规律、区域差异及其相互关系与动态变化的专题地图。

根据具体表达内容，自然地图可分为以下类型：

①地质图：表示地质现象及构造特征，包括地壳表层岩相、岩性、地层年代、地质构造、岩浆活动、矿产分布等的地图。

②地球物理图：主要表示固体地球物理现象的分布及其性质和强度，包括地震、火山、地磁、地电、地壳构造特性、重力、地热等现象的地图。

③地势图：表示地势起伏特征与水系分布规律的地图。

④地貌图：表现陆地与海底地貌特征、类型、区划、形成、发展及其地理分布的地图。

⑤气象图：表示各类气象要素，包括日照、降水、温度、气压、风、灾害性天气等现象的地图。

⑥水文图：表示海洋与陆地水文现象，包括潮汐、洋流，海水温度、密度、盐度，江河湖泊的水位、水质，地表与地下径流，地下水的存在形式、储量、水质等要素的地图。

⑦土壤图：表示地表土壤类型、分布特征及其理化性质的地图。

⑧植被图：表示植被类型与植物群落的空间分布规律及其生态环境特征的地图。

⑨动物地图：反映动物物种分布特征及其生态环境的地图。

⑩综合自然地图：综合显示区域内各自然景观要素（包括地貌、水文、土壤、气候、生物等）的发展规律，揭示其相互联系与制约关系的地图。

（2）人文地图

人文地图是以人文要素为主题的专题地图，主要反映社会经济与上层建筑各领域的事

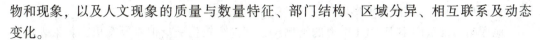

物和现象,以及人文现象的质量与数量特征、部门结构、区域分异、相互联系及动态变化。

根据主题内容,人文地图可分为以下类型:

①政区图:主要表示世界或地区范围内的政治行政区域、境界线和行政中心。按内容和区域范围,政区图可分为政治区划图、政治行政区划图和行政区划图。政区图的发展演变受国家行政管理需求、国家政体变化及行政区划调整等因素影响。

②人口图:以人口现象为主题,包括人口分布图、人口密度图、民族分布图、人口迁移图、人口自然变动图,以及反映人口性别、文化程度、职业、年龄等特征的地图。

③经济图:表现经济现象的专题地图,主要内容包括自然资源(森林、矿产等)分布,工业、农业、交通运输业布局,通信、电力、商业、财贸等部门发展状况,企业分布与职工人数,各类经济指标的空间分布。

④文化图:表现文化教育、医疗卫生等机构与设施的分布状况、规模等级、功能特征及各项构成指标的地图。

⑤历史图:以历史事件和现象为主题,包括历代国家疆域图、民族分布图、商业路线图、政治斗争形势图等反映历史变迁的地图。

(3)其他专题地图

其他专题地图是指不能归入上述类型的、为特定需要而编制的地图,如航空图、航海图、城市地图等。这类地图既包含自然要素,也包含人文要素,是具有专门用途的地图。

关于地图按主题(内容)分类,还存在其他观点。部分学者主张增加工程技术图这一类别,包括工程勘测图、规划设计图、土地利用图、工程施工图、海洋与内河航道图、航空图及宇航图等。但这种分类方法已不仅依据地图主题(内容),而是部分转向按用途分类,在一定程度上违背了地图分类的逻辑性原则。

关于地图按主题(内容)分类,还存在另一种观点认为应当区分出"边缘作品",即介于普通地图与专题地图之间的过渡类型,如交通图。这类地图通常具有专门名称和明确主题,但在内容要素与表示方法上与普通地图差异不大。这种区分方式揭示了地图的过渡性特征,对于理解地图性质与发展规律、开发新地图类型具有一定意义。然而从分类学角度看,这些地图仍可明确归入普通地图或专题地图范畴,因此没有必要单独列为一类。

另有观点建议区分出一种中间类型的地图,即自然-经济综合地图,这类地图同时反映自然与社会经济现象。虽然现实中确实存在此类地图,但将其作为独立分类会给实际的地图分类工作带来困难。例如,地质图属于自然现象地图,而矿产图因其工业资源特征可归为经济地图,即社会经济地图范畴。因此,不需要单独划分中间类型,因为绝大多数社会经济地图都会包含某些自然要素(特别是水系要素)的表示。

2. 按地图比例尺分类

地图按比例尺分类是一种传统的分类方法,其意义在于比例尺直接影响地图内容的详细程度和使用特性。由于比例尺本身不能直接反映地图的内容和特征,因此不能单独作为地图分类的主要依据,通常作为按主题(内容)分类的辅助标准。这种按比例尺的分类方法主要适用于地形图和地理图的区分。

地形图按比例尺可分为大比例尺地形图(比例尺≥1∶10万)、中比例尺地形图(1∶25

万至 1 : 50 万)和小比例尺地形图(1 : 100 万)。

地理图通常采用小于 1 : 100 万的比例尺,其内容较为概括但主题突出,着重表现各要素的基本分布规律。地理图没有固定的比例尺系列,常见比例尺包括 1 : 150 万、1 : 200 万、1 : 300 万、1 : 400 万、1 : 500 万及 1 : 1000 万等多种规格。

3. 按制图区域分类

地图按制图区域分类时,可从自然区域与行政区域两个维度进行划分。

在自然区域方面,地图可分为世界地图、半球地图(如东半球与西半球地图)、大陆地图(例如亚洲地图和欧洲地图)、大洋地图(如太平洋地图与大西洋地图),以及以特定自然地理单元为范围的地图(诸如青藏高原地图、黄淮平原地图、四川盆地地图和黄河流域地图等)。

在行政区域方面,地图可分为国家地图、省级行政区地图(省、自治区、直辖市)、地级市地图和县级地图等,亦可按经济区划或其他标准划分,例如淮海经济区地图、苏南地区地图和苏北地区地图等。

4. 按地图用途分类

地图按用途可分为通用地图和专用地图两大类。

通用地图是为普通读者提供科学参考或一般性使用的地图,例如地形图和中华人民共和国地图等。

专用地图是为特定专业需求制作的各种专题地图,如航海图和旅游地图等。

5. 按使用方式分类

地图按使用方式可分为以下类型:

①智能地图:整合 5G、人工智能等新技术,以高精度地图为代表,在 5G 时代支撑自动驾驶、智能交通、车联网等应用发展,推动地图技术进入新的发展阶段。

②互联网地图:如百度地图、高德地图等在线地图。

③电子地图:通过计算机、手机等电子设备显示的地图,包括多媒体电子地图、网络地图和三维实景地图等。

④挂图:专为墙面悬挂使用设计的地图。

⑤袖珍地图:便于携带的小型地图册或可折叠丝绸地图,以及紧凑型旅游地图等。

⑥桌面用图:适用于桌面展开使用的地形图、地图集等。

⑦野外用图:具有防水、耐折特性的户外专用地图,如丝绸地图及特种材质印刷地图等。

6. 按维度分类

地图按维度可分为以下类型:

①二维地图:常规平面地图。

②二点五维地图:基础立体地图,包括立体模型地图、塑料压模立体地图、光栅立体地图和互补色立体地图等。

③三维地图：真实三维立体显示系统，支持任意视角观察，结合虚拟现实技术，可形成沉浸式"可进入"地图，提供身临其境的体验。

④四维地图：在三维基础上增加时间维度，可用于洪涝、风暴及地震等自然灾害的模拟分析与预测预报。

7. 按其他标志分类

①按综合程度划分，地图可分为单幅综合地图、综合系列地图和综合地图集。

②地图图型是指采用不同表示方法展现地图科学内容的基本类型。按地图图型划分，地图可分为以下类型：分布图，展示制图对象空间分布位置或范围的图型；类型图，呈现制图对象质量特征分类及其地理分布的图型；区划图，依据自然或社会经济现象的区域差异性与相似性进行划分的图型；等值线图，通过等值线来表示连续渐变现象的数量特征的图型；点值图，用标准点状符号表现离散现象的分布范围与密度的图型；动线地图，运用箭形符号表示现象的运动特征(方向、路径、强度等)的图型；统计地图，采用统计图形展示区域单元的数量特征的图型。

③按语言版本划分，地图可分为汉语地图、少数民族语言地图、外文地图。

④按时间序列划分，地图可分为古地图、历史地图、近代地图、现代地图。

⑤按感知方式划分，地图可分为视觉地图(线划地图、影像地图、屏幕地图)、触觉地图(盲文地图)、多感官地图(多媒体地图、动态地图、VR 地图)等。

⑥按印刷色数划分，地图可分为单色图、多色图；按印刷色彩划分，地图可分为黑白图、彩色图。

⑦按出版形式划分，地图可分为印刷版、电子版、网络版。

⑧按数据形态划分，地图可分为模拟地图(实物图、屏幕图)与数字地图(矢量图、栅格图)。

⑨按时间维度划分，地图可分为静态地图和动态地图(动画地图、交互地图、VR 地图)。

地图分类的标准多样且相互交叉，同一幅地图可适用多种分类方式。

任务 1.2　了解地图的数据来源与成图方法

知识点 1.2.1　地图的数据来源

用于制图的数据主要来源于实测数据、影像数据、既有地图数据、监测与统计数据及文字记载数据。

1. 实测数据

实测数据为制作地图提供点位坐标及精确的制图资料，其获取手段包括数字测量、数字摄影测量及激光测量等。

1）数字测量

数字化测量技术的基本原理是将连续变化的模拟量转换为离散的数字量，通过数据采集、计数、编码、传输与存储等环节，最终完成数据处理、图像生成、显示及输出工作。其地面数据采集主要包括控制测量和碎部测量两个主要过程。

（1）控制测量

控制测量分为高程控制测量和平面控制测量两类。高程控制测量旨在测定控制点的高程并建立高程控制网，主要采用水准测量和三角高程测量方法；平面控制测量则用于确定控制点的平面坐标并建立平面控制网，通常采用导线测量和三角测量方法。虽然高程控制网与平面控制网通常独立布设，但其控制点可共用，即同一控制点可兼具高程控制点和平面控制点的双重功能。此外，控制测量也可采用 GNSS 测量技术实施观测。

（2）碎部测量

碎部测量是指利用全站仪或 GNSS 等测量仪器，以测站点为基础，测绘各类地物和地貌要素的平面位置及高程的作业过程。其测量工作需依据邻近控制点来确定碎部点相对于控制点的空间位置关系。

2）数字摄影测量

数字摄影测量是基于数字影像，通过计算机分析和量测技术来获取被摄物体三维空间信息的测量方法，已成为现代地图数据采集的重要技术手段。该方法利用计算机系统配合专业摄影测量软件，替代了传统摄影测量仪器（包括纠正仪、正射投影仪、立体坐标仪、转点仪及各类模拟与解析测量仪器）。相较于传统模拟和解析摄影测量技术，数字摄影测量的主要技术特征在于将计算机视觉与模式识别技术引入摄影测量流程，实现了内定向、相对定向及空中三角测量等关键工序的自动化处理。

数字摄影测量通过将传统摄影测量仪器的各项功能全面计算机化，显著提高了地图数据采集效率。采用数字摄影测量技术生产的地形图 DLG 数据，不仅精度可达分米级，同时大幅减少了野外控制测量和像片扫描解析空中三角测量等中间作业环节。这项技术为地图数据获取提供了新的技术途径，能够高效获取现势性优良的数字线划地图数据。

3）激光测量

在信息化时代，传统测量数据已难以满足社会对地理信息的需求。现代测量数据不仅包含传统的位置坐标信息，还整合了时间维度、空间特征以及与日常生活密切相关的位置资源数据。

激光雷达测量作为大数据时代的新型数据采集技术，其核心设备是激光雷达扫描仪。该技术通过将扫描仪搭载于航空器、车辆、船舶等移动平台，实现空间地理信息的快速采集与存储，后续通过计算机系统完成数据处理、分析、管理、可视化及应用。其中，航空激光雷达测量凭借其高速覆盖能力，可在单位时间内获取海量地理数据。业界普遍认为，机载激光雷达测量技术的出现标志着测绘行业从传统测量模式向数字化测量时代的跨越式发展。

2. 影像数据

影像数据包括卫星像片、航空像片和地面摄影像片。它们是大比例尺地图测制和更新的基础数据源。

（1）卫星像片（卫片）

卫星像片是通过地球观测卫星获取的遥感影像。随着卫星技术的发展，现代卫星影像分辨率已达厘米级。卫星像片的优势在于覆盖范围广、重访周期短，不仅能直接用于地形图测绘，更是研究地表动态变化的重要数据基础。

（2）航空像片（航片）

航空像片和卫星像片在制图应用中的功能相近，但航片比例尺更大，可识别更细微的地表变化，甚至能用于单体建筑物的更新和高度判读。航空像片在城市制图和土地利用监测中具有独特优势。

（3）地面摄影像片

地面摄影像片在专题制图领域价值显著，既可直接作为地图要素使用，又是特征研究和图面整饰的重要参考资料。

3. 既有地图数据

既有地图资料作为编图工作的主要数据来源，包含以下主要类型：

①地形图：大比例尺实测地形图是研究制图区域地理情况、鉴别其他地图质量的主要依据，同时也是编制新图的基础底图。

②专题地图：对主题要素的表达详细准确，既可用于地理环境研究，也可作为编制同类型小比例尺专题地图的参考底图。

③全国性的指标图：为统一全国制图标准，配合编图规范而编制的专项参考图，包括山系分布图、河系类型图、河网密度图、典型地貌分布图等系列，是确定地图要素选取标准的重要依据。

④国界（系列）样图：国家测绘主管部门颁布的成套国界绘制规范图件，明确规定各种比例尺地图的国界表示方法。所有公开出版地图的国界绘制必须严格遵循相应样图标准，关键地段的符号配置更需完全一致。

4. 监测与统计数据

监测与统计数据是编制专题地图中统计地图的重要基础数据。我国各级政府和专业部门均设有专门的统计机构，这些机构持续开展各类统计数据的采集、整理与发布工作。

5. 文字记载数据

编制地图所需的文字记载资料主要包括以下几类：

①地理考察资料：作为实地地理研究的成果，通常包含制图目标的详细描述。在缺乏实测地图的地区，地理考察报告及其附图可成为地图要素定位的重要依据。

②专业区划资料：各专业部门编制的区划方案（如农业区划、林业区划、交通区划、地貌区划等），这些附有地图的科研成果是编制相关专题地图的基础参考资料。

③政府公告与新闻报道：包括年度行政区划简册、涉及地理要素变更的新闻（如新建交通线路、水利工程、区划调整等），以及边界条约、外交声明等，均可作为编图的参考依据。

④地理文献资料：地理学者对自然与人文环境的研究成果，为制图区域地理特征分析提供专业参考。

知识点 1.2.2　地图的成图方法与过程

1. 地图的成图方法

由于制图对象的多样性以及地图比例尺和用途的差异性，地图数据获取方式、表示方法和制图工艺均存在显著区别。根据数据来源的不同，地图成图方法主要分为实测成图与编绘成图两种基本类型。

微课：地图制图方法

1）实测成图

实测成图法通常包含图根控制测量、地形测量、内业制图和制版印刷四个主要工序（图 1.6）。

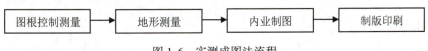

图 1.6　实测成图法流程

实测成图法是在大地测量工作基础上，依托国家大地控制网和国家高程控制网完成的测图方法。大地测量的核心任务之一是精确测定地面点的空间几何位置。国家大地控制网不仅为国民经济建设、国防事业和地球科学研究提供精确的地面点坐标数据，同时也成为全国性地图测制的基准控制框架，还是航天技术发展的重要测绘保障基础。国家高程控制网则是按照统一规范在全国范围内布设的水准点网络系统，通过精密

二维动画：一张图这样产生

水准测量确定各点的高程数据。为便于实际应用，各类大地控制点（包括三角点、导线点、天文点）和高程控制点均设有永久性地面标志。

图根控制测量是为测图区域建立平面与高程控制基准而实施的专项测量工作。其技术原理是依据大地控制网提供的已知点坐标和高程数据，采用角度测量、距离测量和高程传递等方法，精确测定图根控制点的三维空间位置。这些图根控制点构成地形测量的基础控制框架。

地形测量是指对地表地物和地貌要素在水平面上的投影位置及高程进行直接测定的工作。根据测量方式的不同，地形测量可分为常规地形测量和航空摄影地形测量两种方法。

常规地形测量是通过控制点测定地物特征点（如轮廓点）和地貌特征点（如坡度变换点）的平面坐标与高程数据，并按照比例尺和规范图式将地物地貌要素绘制成外业地形原图。该方法目前主要应用于小范围测图和工程测量领域。

航空摄影地形测量作为传统地形图测绘的主要方法，其作业流程包括：首先对测区实施航空摄影获取航空像片；随后进行像片调绘，通过影像判读并结合野外调查，在像片上标注各类地物、地貌要素及地理名称；最后开展航测内业工作，包括控制点加密以及利用专业仪器在立体模型上进行地形图测绘。

内业制图的核心任务是通过清绘或刻绘工艺，将外业获取的地形原图加工成符合出版要求的出版原图。

制版印刷是将出版原图经过复照制版、印刷加工等标准化流程，批量生产印刷版地图。

2）编绘成图

编绘成图是基于现有地图资料、统计数据、文字资料及其他相关数据，通过系统分析与综合整理，编制各类专题地图的技术方法。其主要应用包括：

①利用观测数据和统计资料（如地磁、地震、气象、水文等），经分析计算编制专题地图；

②通过大中比例尺地图资料缩编，制作中小比例尺地图；

③基于地形图量算数据，编制形态特征地图（如坡度图、切割密度图、水系密度图等）；

④整合多时相地图数据，制作动态变化地图；

⑤依据历史文献（如地震记载、地方志、考古资料等），编制历史专题地图（历史地震分布图、人口分布变迁图、古生物分布图等）。

该方法通过科学的数据处理与制图综合，实现地理信息的尺度转换与时空重构。

2. 地图编制过程

地图常规编制的总体流程通常包括地图设计与准备阶段、地图编稿和编绘阶段、地图整饰阶段、地图制印阶段。

1）地图设计与准备阶段

根据地图的目的、任务和用途，确定地图的选题、内容、比例尺与投影；搜集、分析制图资料；研究制图区域或制图对象的特征与分布规律；选择表示方法并设计图例符号；确定地图综合原则与编绘工艺。对于专题地图，还需明确专题内容的分类分级标准，制定编绘规范，并确定编稿方法。最终形成地图编制设计文件——编图大纲或地图设计书，并制订具体的工作计划。

2）地图编稿和编绘阶段

地图编稿和编绘阶段即地图编绘阶段，主要完成地图内容的编辑与绘制工作，通常包括制图资料处理、展绘数学基础、地图内容转绘和编绘等步骤。在编绘过程中需实施地图综合，即对地图要素进行选取和概括。尽管在编辑准备阶段的分类分级与图例设计已涉及部分综合工作，但地图编绘阶段仍需全程贯彻综合原则。地图编绘是一项创造性工作，其最终成果是编绘原图。编绘原图是指严格遵循编图大纲和制图规范要求，在地图内容、制图精度等方面均达到定稿标准的正式图件。对于专题地图，通常需先由专业人员编制专题要素草图，再由制图人员进行编辑加工，最终完成正式的编绘原图。

3）地图整饰阶段

在地图整饰阶段，主要根据制印要求完成印刷前的准备工作，包括按照制版规范进行线划与符号的清绘（或刻绘）、注记配置，制作符合出版要求的印刷原图（包括线划版和注记版），同时完成彩色样图及分色参考图的制作。

4）地图制印阶段

地图制印阶段主要完成地图的制版印刷工作，包括出版原图的复照与制版、分版分涂、打样校对，以及最终的印刷装帧等工序。随着技术进步，现代计算机制图系统已实现地图设计、编绘、整饰与制版的一体化流程，通过计算机辅助出版系统可直接完成地图编辑、自动分色制版，并输出印刷胶片或直接制版（CTP）进行印刷。

任务 1.3　了解地图学发展历史与趋势

知识点 1.3.1　地图学发展史

地图学是一门古老的科学，有着几乎和世界上最早的文化同样悠久的历史。地图学又是一门充满生机与活力的科学，在长期的历史发展中逐渐充实和完善起来，如今已成为一门拥有一定基础理论和现代化技术手段的科学。地图学在其漫长的发展过程中，经历了古代地图学的萌芽与发展、近现代地图测绘与传统地图学的形成、现代地图学的技术革命与信息时代的地图学等三个时期。

微课：古代地图及地图学发展历史

1. 古代地图学的萌芽与发展

地图起源于上古时期，其产生与发展源于人类生产生活的实际需求。古埃及尼罗河周期性泛滥和我国黄河流域水利工程的兴建，催生了早期的农田水利测量活动，这就是原始地图测绘的雏形。目前考古发现的最早的原始地图是古巴比伦人绘制的美索不达米亚地区陶片地图(约公元前 2500 年)。该地图刻绘于手掌大小的陶片上，呈现了山脉、入海河流及包括巴比伦城在内的四座城市[图 1.7(a)]。另一重要发现是古埃及东部沙漠地区的金矿图(约公元前 1200 年)，绘制于芦苇纸上，详细描绘了当时的金矿分布[图 1.7(b)]。我国地图的起源可追溯至 4000 年前的夏代或更早。《左传》记载的"九鼎图"传说，描述了在鼎上铸造山川与物产分布的原始地图形式。后《山海经》中记载的图文，更是包含了山水、动植物及矿产等地理要素的原始地图特征[图 1.7(c)]。

（a）古巴比伦地图　　　（b）芦苇纸上的金矿图　　　（c）《山海经》中的图

图 1.7　原始地图到古代地图

随着原始社会的解体和奴隶制国家的建立，行政管理与军事征伐的需求客观上推动了地图的发展。西周初期(约公元前 11 世纪)，周召公为营建洛邑而绘制的城址规划图，成为我国历史上首幅具有明确工程用途的城市建设地图。由于地图具有界定疆域、划分田界的重要功能，自周代起，地图就被统治阶级作为"封邦建国"和土地管理的重要工具。

公元前 6 世纪至公元前 2 世纪，古希腊在自然科学领域取得显著进展，特别是在数学、天文学、地理学、大地测量学和地图制图学方面，涌现出众多杰出学者，他们提出了很多开创性理论。米利都哲学家阿那克西曼德（Anaximander，公元前 610—前 546 年）最早提出地球呈圆柱形的假说；古希腊地理学家埃拉托色尼（Eratosthenès of Cyrene，公元前 276—前 194 年）通过测量日影计算出地球周长为 39375km（与现代测量值误差仅约 1%），首次采用子午线弧长推算地球尺寸，并编制了基于球体模型的世界地图；古希腊天文学家喜帕恰斯（Hipparchus，公元前 190—前 125 年）创立了球面投影法，运用天文观测方法测定地理坐标，开创了将地球圆周划分为 360° 的体系。

我国考古工作者在河北省平山县战国时期中山国灵寿城遗址中，发掘出土了刻制于铜板上的《兆域图》。该图创作于约公元前 310 年（战国中期），是一幅完整的陵墓建筑设计平面图，不仅精确绘制了"宫""堂""门"等建筑单元的平面布局，还标注有详细的文字说明和尺寸数据。经考证，此图是我国迄今发现最早的建筑平面设计图实物。

《管子·地图》对战国时期军事地图的内容及其军事应用进行了系统论述，明确指出"凡兵主者，必先审知地图"，强调只有充分掌握地理信息，方能"行军袭邑，举措知先后，不失地利"。《战国策·燕策三》记载的"荆轲献督亢地图"典故表明，在先秦时期，地图作为国家疆域主权的象征，其政治意义已超越实用功能——燕国以献地图为名，实为行刺秦王，足见地图在当时政治活动中的特殊地位。

1973 年，长沙马王堆汉墓出土了三幅地图，分别是地形图、驻军图、城邑图，绘制在帛上，为公元前 168 年以前的作品。地形图为彩色普通地图，其范围包括东经 111°～112°19′、北纬 23°～36°，相当于今湖南、广东、广西三省区交接地带，内容包括山脉、河流、聚落、道路等要素，采用闭合曲线表示山体轮廓及其延伸方向，并绘以高低不等的 9 条柱状符号，表示九嶷山 9 座不同高度的主要山峰，如图 1.8（a）所示。地图要素包括 30 多条河流及其支流、80 余处聚落和 20 多条道路网络，采用上游细、下游粗的渐变方式表示水系，按行政等级分级表示聚落。

驻军图是用黑、朱红、田青三色彩绘的军用地图，在简化了的地理底图上，用朱红色突出表示 9 支驻军的名称、布防位置、防区界线、指挥城堡、军事要塞、烽燧点、防火水池等军事地形要素，与军事驻防有密切联系的居民地、道路也作为重点要素表示，还记载了居民户数、移民并村的情况等，如图 1.8（b）所示。

城邑图详细绘制了城垣轮廓、4 处城门、城区主次干道分级网络以及中心区密集分布的宫殿建筑群。其城邑范围、城门堡、城墙楼阁等城市要素的表示具有很高的测绘精度。

长沙马王堆汉墓地图的发现改写了世界地图学史，其测绘精度（比例尺约 1：180000）、符号系统、制图综合水平均领先同期西方制图技术约 300 年。特别是地形图对南岭山脉的表示，其准确性直到近代才被超越，这展现了西汉时期中国制图技术的高度发展水平。

古罗马的托勒密（90—168 年）与中国的裴秀（224—271 年）堪称古代东西方地图学的双子星。托勒密的《地理学指南》与裴秀的《禹贡地域图》代表了上古时期地图学的集大成之作，体现了东西方不同的制图传统，共同奠定了古典地图学的理论基础，对后世地图制

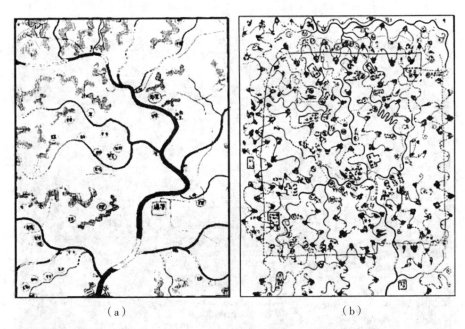

（a） （b）

图 1.8 1973 年湖南长沙马王堆三号汉墓出土的地形图和驻军图

作产生了深远而持久的影响。

托勒密是古罗马著名的天文学家、数学家、地理学家和地图学家，其著作《地理学指南》共 8 卷，系统总结了古代西方地理知识体系。卷一阐述了地理学的基本概念，详细论述了球面投影和圆锥投影的数学原理。卷二至卷七为地名志，收录了约 8000 个地理实体（包括城市、河流、山脉、海角等）的经纬度坐标，覆盖了当时西方认知的世界范围。卷八包含 27 幅地图（1 幅世界地图和 26 幅区域地图），其中世界地图采用改良圆锥投影，地理范围东至经度 180°、北至纬度 63°（图 1.9）。这部著作创立了系统的地图制图理论框架，其影响力持续至 16 世纪大航海时代之前，在西方地图学史上具有里程碑意义。

裴秀在西晋时期历任司空、地官等职，主管国家户籍、土地、税收及地图事务，后官至尚书令。他以《禹贡》地理记载为基础，通过实地考察验证，主持编纂了十八卷《禹贡地域图》，并将原有《天下大图》缩编为《地形方丈图》。其最重要的贡献在于系统总结了前代制图经验，创立了"制图六体"理论体系：

①分率（比例尺）：确定地图与实地的缩放关系。

②准望（方位）：确定地理要素的相对位置。

③道里（距离）：测量各地物间的实际里程。

④高下（高程差）：考虑地形高差因素。

⑤方邪（坡度）：计算地面倾斜度影响。

⑥迂直（曲直改化）：处理曲线距离的平面投影。

裴秀在《禹贡地域图·序》中详细论述了六要素的辩证关系：若缺分率则无法量测，缺准望则方位失真，缺道里则难知远近，缺高下、方邪、迂直则里程与方位皆生偏差。该理论体系不仅奠定了中国古代地图学的理论基础，在世界地图史上也具有里程碑意义。裴秀因此被公认为"中国科学制图学之父"。

图 1.9　托勒密编制的世界地图

　　宋代对地图测绘极为重视，朝廷不仅要求地方定期呈送地图，还专门派遣中央官员赴各地进行测绘和校核。北宋建立不久，即根据各地进献的 400 余幅地图，编纂完成了首部全国性舆图《淳化天下图》。现存西安碑林的南宋绍兴六年（1136 年）刻石碑，双面分别镌刻《华夷图》与《禹迹图》。其中《华夷图》承袭了唐代贾耽《海内华夷图》的绘制传统；而《禹迹图》采用画方绘法（每方折地百里），其水系绘制精度较高，黄河、长江等主要河流的走向已接近现代测绘成果。

　　北宋科学家沈括（1031—1095 年）在地图学领域贡献卓著，他主持完成 840 里河道高程测量，首次科学记载磁偏角现象，改进指南针应用技术，完善二十四方位划分体系，并于元祐三年（1088 年）编绘完成《天下州县图》。该图集继承并发展了裴秀"制图六体"理论，代表了宋代制图技术的最高成就。

　　元、明两朝是中国历史上大一统时间较长的封建王朝，在地图测绘领域取得了显著进展。元天文学家、水利专家和数学家郭守敬（1231—1316 年）在至元十六年（1279 年）主持全国天文测量时，首次提出"海拔"概念，并制作了我国首个地球仪（《元史·郭守敬传》）。地理学家朱思本（1273—1333 年）历时十年完成的《舆地图》，采用《禹迹图》计里画方方法精确绘制，其资料收集之广、内容取舍之精，远超唐宋地图，但因图幅巨大（原图长宽各七尺）难以摹刻，现存仅有明罗洪先改编的《广舆图》。

　　明航海家郑和（1371 或 1375—1433 或 1435 年）在永乐三年至宣德八年间七下西洋，其船队规模（每次约 200 艘）、航行范围（最远达非洲东岸和红海海口）和持续时间（28 年）均为 15 世纪世界航海史之最。与同期西方殖民探险不同，郑和船队以和平外交和贸易往来为主要目的，随行人员撰写的《瀛涯胜览》等四部著作及绘制的《郑和航海图》(收录地名500 余个，标注航线 50 余条)，构成了我国第一部系统的航海图集，对世界航海史和地图学发展作出了卓越贡献。

2. 近现代地图测绘与传统地图学的形成

近代地图的发展始于 14 世纪欧洲资本主义兴起时期。15 世纪末至17 世纪中叶的地理大发现奠定了世界地图的地理轮廓。16 世纪地图集的盛行总结了 16 世纪以前东西方地图学的历史成就。17 世纪开始的大规模三角测量和地形图测绘为近代地图测量奠定了基础。18 世纪后专题地图开始发展，照相制版方法和航空摄影测量技术的出现推动了地图生产技术的革新。到 19 世纪末和 20 世纪中叶，系统而完整的地图制作技术、方法、工艺和理论体系逐步形成。

微课：近现代地图及地图学发展史

15 世纪后，随着文艺复兴、工业革命和地理大发现时期的到来，地图科学获得重大发展。意大利航海家哥伦布在 1492—1504 年间四次远航，发现了加勒比海诸岛和中美洲部分地区，为发现北美洲和南美洲奠定基础，基本确定了大西洋东西两岸的宽度。葡萄牙航海家达·伽马于 1498 年率船队绕过非洲好望角，横渡印度洋抵达印度卡利库特，成功开辟欧洲至东方的新航路，建立了欧亚直接联系，同时将地中海地区与东南亚、东亚连接起来。他的航行基本确定了非洲大陆的轮廓和尺度，测定了非洲南端至印度的距离，进一步验证了地圆学说和海洋连通理论。

从中国郑和开启 15 世纪海上探险，到哥伦布、达·伽马和麦哲伦等人的地理大发现，基本确立了世界地图的地理轮廓。

墨卡托(1512—1594 年)是欧洲文艺复兴时期的地理学家和地图制图学家。他绘制了巴勒斯坦地图(1537 年)、世界地图(1538 年)、佛兰德地图(1540 年)，制作了地球仪(1541 年)和天球仪(1551 年)，并完成了欧洲地图(1554 年)和不列颠群岛地图(1564年)。1569 年，他创立等角正轴圆柱投影并编制《世界地图》，该投影后被命名为墨卡托投影，其特点是等角航线呈直线，至今仍广泛使用。1569 年他开始出版《欧洲国家地图集》，第二部分于 1585 年和 1589 年出版，第三部分在他去世后的 1595 年出版。这部 107 幅地图组成的图集首次使用"Atlas"(阿特拉斯)作为地图集名称，沿用至今。

罗洪先(1504—1564 年)是明理学家，他在查阅地图文献时发现当时地图普遍存在精度不高的问题。在考察过程中，他获得元代朱思本的《舆地图》，认为该图采用传统计里画方方法绘制，精度较高且内容翔实。鉴于原图长达七尺不便于使用，罗洪先耗时十年将其改绘为分幅地图集，并补充新资料，命名为《广舆图》。该图集包含 16 幅分省图、11 幅九边图和 5 幅诸边图(改编自朱图)及其他新增地图，创立了 24 种图例符号，大大提升了地图科学性。《广舆图》在明代嘉靖至清初的 250 余年间翻刻了大概 6 次，成为当时最具影响力的地图作品，代表了这一时期中国制图技术的最高成就。

随着资本主义的发展，航海、贸易、军事及工程建设对大比例尺精确地图的需求日益增长。工业革命后，科学技术进步推动了测绘仪器的发展，平板仪等高精度测量仪器的发明显著提升了测绘精度。这一时期，三角测量成为大地测量的主要方法，各国相继开展全国性三角测量工作，为大比例尺地形测图奠定了基础。

采用平板仪测绘使地图内容更加丰富，地面物体的表示方法从透视写景符号发展为平面图形；地貌表示由透视写景改进为晕滃法，进而采用等高线法。地图编绘技术得到显著改进，印刷工艺也从铜版雕刻发展为平版印刷。至 18 世纪，多国开始系统测制军用大比例尺地形图。

19 世纪末，资本主义国家为拓展海外市场和殖民扩张，亟须掌握全球地理信息，由此催生了统一规范的世界详细地图的编制需求。1891 年，首届国际百万分之一地图会议在瑞士伯尔尼召开，正式提出编制全球统一比例尺地图的倡议。1909 年 11 月，伦敦会议通过了《国际百万分之一世界地图章程》，确立了基本编制原则。1913 年巴黎会议进一步细化了技术规范，包括采用改良多圆锥投影、标准图幅划分体系、统一编号规则、规范化的地图整饰要求。这些国际会议形成的技术标准，为后续各国开展百万分之一世界地图编制工作提供了重要技术依据。

清代康熙年间，西方科学制图方法传入中国，康熙聘请德国、比利时、法国、意大利、葡萄牙等国传教士，采用天文测量与三角测量相结合的方法，开展了全国性大规模地理经纬度和全国舆图的测绘工作。《皇舆全览图》的实测工作自康熙四十七年（1708 年）开始，至康熙五十七年（1718 年）完成，采用伪圆柱投影，按省分幅，共 41 幅，是我国首部全国性实测地图，对近代中国地图的发展有着极为重要的意义，开创了中国实测经纬度地图的先河。由于新疆、西藏地区局势不稳，该图未能完整覆盖全国疆域。乾隆年间平定新疆、西藏后，于乾隆二十五年（1760 年）完成补充测绘，在《皇舆全览图》基础上编制成《乾隆十三排图》（又称《乾隆内府舆图》），最终完成了全国实测地图的绘制工作。

康熙、乾隆时期的全国实测地图将我国地图学发展推向新高度，带动了各省区地图集的编制，各种版本的省区地图集相继问世。清中期地图学发展相对缓慢，内容创新不多。至清末资本主义萌芽，清政府因兴办工厂、矿山和水利工程的需要，亟须详细测绘地图。同治年间提出编绘《大清会典舆图》的构想，实际工作始于光绪十二年（1886 年）会典馆成立后，各省历时 3~5 年完成测绘。这次省图集编绘在中国地图发展史上具有极为重要的意义，是中国传统古老的制图法向现代制图法转变的标志，呈现出以下特征：计里画方与经纬网制图法并用，传统符号与现代符号共存。

我国首部采用经纬度制图法的世界地图集是魏源（1794—1857 年）编著的《海国图志》（初刊 1842 年，最终版 1852 年）。该图集的创新性体现：在编制方法上，完全突破传统计里画方法，采用经纬度制图法，统一起始经纬度；在地图投影的选择上，根据地图的面积及区域所处地理位置，比较灵活地选用所需地图投影（如圆锥投影、彭纳投影、散逊正弦曲线投影、墨卡托投影等）；采用各种不同的比例尺以在同样大小的图纸上表示不同大小的国家；地物符号的设计与现今的世界地图有类似之处，但大部分符号仍保持古地图的特征。虽然《海国图志》存在一些制图精度上的局限，但作为 19 世纪中期完成的综合性世界地图集，其开创性贡献在中国地图学史上具有里程碑意义，代表了当时东亚对世界地理认知的最高水平。

19 世纪以来，随着自然科学的进步与学科分化，普通地图已难以满足专业需求，由此催生了专门表示特定要素和现象的专题地图。在地学、生物学等学科发展以及地理考察、定位观测资料积累的推动下，陆续出现了地质、气候、水文、地貌、土壤、植被等专题地图类型。代表性成果包括：德国伯尔和斯（Heinrich Berghaus）编制的《自然地图集》（1837—1848 年），包含气象、水文、地质、地磁、植物、动物、人种、民族等 8 个专题共 90 幅地图；英国巴康（Bacon）和海尔巴特逊（Helbertsson）合作完成的《巴特罗姆自然地图集》；俄国道库恰耶夫（V. V. Dokuchaev）绘制的《北半球土壤图》（1879 年）与《俄国欧洲部分土壤图》（1899 年）。这些开创性工作为专题地图的发展奠定了基础。

20 世纪初，随着飞机的发明，航空摄影机和立体测图仪相继研制成功，地图测绘开始采用航空摄影测量技术。黑白航空像片成为专题地图制图的重要数据源，配合照相制版和平版彩色胶印技术的应用，使地图（特别是专题地图）的科学内容、表现形式和印刷质量都显著提升。

20 世纪 50—60 年代，随着航空摄影测量技术的普及应用，许多国家在短时间内完成了各类比例尺地形图的测绘与更新工作。与此同时，为满足资源开发与社会经济发展需求，各国相继编制出版了多种专题地图集，例如《苏联世界大地图集》（1954—1960 年）、《意大利自然经济地图集》《英国气候图集》《苏联海洋图集》。我国在该时期的专题地图编制以历史地图为主，杨守敬（1839—1915 年）历时 15 年编纂完成的《历代舆地图》（共 71 幅总图），集历代沿革地图之大成，成为我国历史地理学的里程碑式著作。

传统地图学的形成与建立在三角测量基础上的近代地图测绘发展密不可分。20 世纪 50 年代末至 60 年代初，经过两次世界大战后的技术积累，地图学作为一门独立学科被正式确立。这一发展得益于两个方面：一是地理学、测量学、印刷技术等相关学科的理论体系日趋完善，为地图学提供了外部支撑；二是地图制图在长期实践中积累了丰富经验，经各国制图学家的系统总结，形成了完整的地图制作理论体系和技术方法。这一时期形成的地图学被称为传统地图学，其核心内容包括地图投影理论、制图综合方法、地图表示法和符号系统等理论研究，以及编绘原图制作、出版原图制作和地图制版印刷等技术方法。传统地图学主要关注地图生产工艺，特别是地图印刷工艺，其研究目标聚焦于地图制作和产品输出。作为地图学的分支学科，地图投影学、地图编制学、地图整饰学和地图印刷学在这一时期已趋于成熟。

3. 现代地图学的技术革命与信息时代的地图学

20 世纪 70 年代以来，航天遥感技术的突破性发展显著促进了地学、生物学、环境科学和空间科学的进步，并为专题制图提供了全球范围的多元化数据源。80 年代计算机制图技术的全面应用逐步革新了传统制图工艺。90 年代形成计算机制图与数字出版一体化生产体系，电子地图集与地图信息系统在全球范围快速普及，实现从手工制图到全数字化制图与出版的根本性变革。与此同时，地图学理论体系得到显著

微课：现代地图及地图学发展

拓展，相继建立了地图信息论、地图传输论、地图模式论、地图认知论和地图感受论等新理论框架。当前国际学界正深入开展科学计算可视化、地图自动综合、数字地图技术及应用、网络地图服务等前沿领域的创新研究，并已取得重要突破。

21 世纪以来，信息通信技术的迅猛发展推动人类社会进入地理空间、人文社会空间和信息空间深度融合的三元空间时代。以大数据、云计算、5G 通信、虚拟现实(VR)和增强现实(AR)等为代表的创新技术，深刻改变了地图学发展的技术环境。这些变革显著提升了用户的参与度和交互性，使地图制图的目的、主体、对象和应用场景都发生了根本性转变。在此背景下，地图学呈现出三大特征：一是技术门槛显著降低，催生出大量非专业制图群体；二是制图方法突破传统理论框架(如地图投影、制图综合和符号系统等规范)，涌现出多样化创新表达方式；三是应用领域从专业研究向社会化服务拓展，形成典型的"泛地图化"发展趋势。这种变革既体现了技术进步对学科发展的推动作用，也反映了地图学适应数字时代需求的自我革新。

知识点 1.3.2 地图学发展趋势

目前，地图学的理论体系正在不断深化和拓展。地图制图技术实现了历史性的跨越式发展，数字化制图与出版一体化已成为现代地图生产的核心技术体系，互联网平台正逐步成为地图编制与应用的主要载体，地图产品呈现日益显著的大众化、个性化、智能化与实用化特征。随着科学技术进步的加快和社会需求的增长，地图学将会向以下几个方面发展。

1. 创新的地图学理论体系将逐步建成

理论是技术的先导，没有先进理论指导的技术是盲目的技术。随着地图制图技术的迅速发展，对地图学理论研究的要求将越来越高。20 世纪 80 年代以来，地图制图技术的跨越式发展，从根本上说，首先得益于 20 世纪 50—60 年代信息论、系统论和控制论三大理论的创立与电子计算机的诞生及其同地图学的结合，这些为地图学的发展开拓了新的思路。所以，要想实现 21 世纪地图学的进一步发展，就必须抓紧地图学理论体系的创新研究：一方面要推动地图学"老三论"（即地图投影理论、制图综合理论和地图符号理论）在新形势下的深化与发展；另一方面要深入开展信息科学技术背景下地图学中的思维（抽象思维、形象思维、灵感思维）问题、地图空间认知、地图信息传输、地图视觉感受、地图模型、空间信息语言学、地图演化（理论、技术与工程）等新理论的研究，系统探讨这些理论在地图学理论体系中的地位、作用和相互联系，逐步构建完善的地图学科学理论体系。

2. 创新的地图学技术体系将进一步提升

技术是理论的支持，没有先进技术支持的理论是落后的理论。技术是工程的支持，没有先进技术支持的工程是落后的工程。在过去的 20 多年里，地图制图技术已经实现了由手工制图到计算机制图的跨越式发展，作为地图学功能的扩展和延伸的地理信息系统已达到实用化程度，空间信息可视化与虚拟现实技术作为地图学的一个新的生长点已取得明显进展，在这个基础上进行创新性研究，并建立新的地图学技术体系是必然趋势。创新的地图学技术体系应包括以地图数据库、地图色彩库和地图符号库作为支撑条件的全数字地图制图与地图电子出版一体化系统，以电子地图信息系统和电子地图集信息系统为主的地图信息系统，以"网格"（grid）技术为支撑和以自主创新、三维和实时动态、实用化及产业化为目标的地理信息系统，以空间数据仓库和数据挖掘为支撑的空间决策支持系统，以模型库、数据库和纹理库为基础的地理环境仿真与虚拟现实系统，等等。

3. 创新的地图学应用服务体系将进一步充实和完善

地图与地理信息服务始终是地图学赖以生存的基础，特别是在信息化时代，社会发展与人类生活都对地图与地理信息服务提出了新的更高要求。

很长时间内，地图学主要以地图的形式提供服务，而具有"封闭体系"的传统地图学更是"以地图制作为主，忽视地图应用的研究"，地图服务处于一种"被动"服务的状况。随着电子计算机技术、多媒体技术和网络技术的发展，地图与地理信息服务已成为决策支持的重要基础，并将出现一些新的变化，例如服务的形式更加多样化、服务的技术手段更加现代化、服务的质量更加高效化。创新的地图与地理信息应用服务体系包括地图应用服务体系和地理信息应用服务体系。地图应用服务体系包括常规地图应用服务、数字地图的分布式存储与网上分发、电子地图服务、电子地图集服务等，地图品种将更加多样化。地理信息应用服务体系包括地理信息部门服务、移动位置服务、基于分布式计算模型的WebGIS服务、基于网络服务的空间信息共享与空间数据互操作、基于网格服务的信息资源共享和协同解决问题（协同工作），地理信息服务将更加实时、快速和高效。

任务 1.4   初步了解 GeoScene Pro 软件

技能点 1.4.1   熟悉 GeoScene Pro 界面

【实训目的】

✓ 熟悉 GeoScene Pro 界面的组成。

微课：熟悉 GeoScene Pro 界面

【实训准备】

✓ 软件准备：GeoScene Pro 4.0。
✓ 数据准备：认识制图软件 .gdb。
✓ 实训内容：熟悉 GeoScene Pro 界面。

【实训过程】

实验数据：熟悉 GeoScene Pro 界面

1. 新建地图工程并添加数据

①打开 GeoScene Pro 软件(图 1.10)。

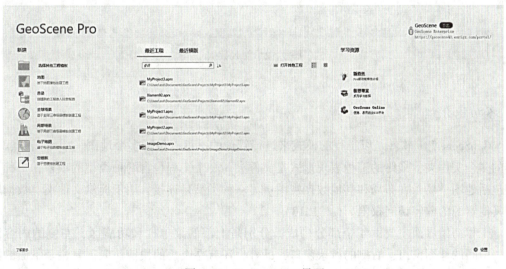

图 1.10   GeoScene Pro 界面

②点击左侧新建下方的【地图】，输入工程名和工程路径(图 1.11)。
③点击功能区【地图】菜单下的 【添加数据】工具按钮，可以将练习素材"认识制图软件 .gdb"中的任意数据加载到地图中(图 1.12)。

图 1.11　新建工程

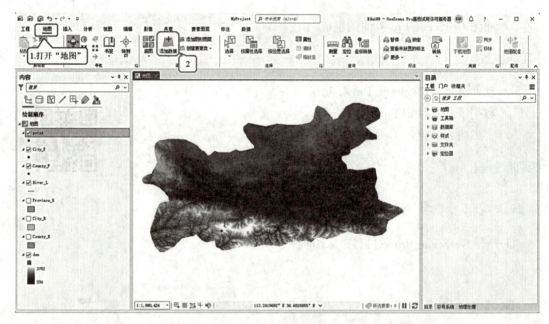

图 1.12　加载数据

2. 各功能介绍

GeoScene Pro 软件是以工程的模式来进行管理的，可以包括多个地图、多个场景、外链的多个文件夹，最终的工程表现形式是文件夹。一个工程包含两种类型的项目，一种类型包括地图、场景、布局和其他数据视图；另一种类型是连接，用于提供文件夹、数据库和其他资源的内容访问权限。(图 1.13)

工程初始界面主要由 4 个部分构成，分别是上部的菜单栏和功能区，左侧的内容窗口，中间的地图窗口，右侧的目录窗口；此外，还有左上角的快捷访问工具栏及下面的状态栏。其中，内容窗口、地图窗口、目录窗口等均可以通过鼠标拖拽的方式达到自定义布局窗口的效果。(图 1.14)

（1）菜单栏与功能区

作为软件功能的组织空间，菜单栏与功能区集中了各类功能控件(如按钮、文本框、复选框、下拉菜单等)，这种结构化布局方式显著提升了功能操作的直观性与易用性。功

图 1.13　GeoScene Pro 工程构成

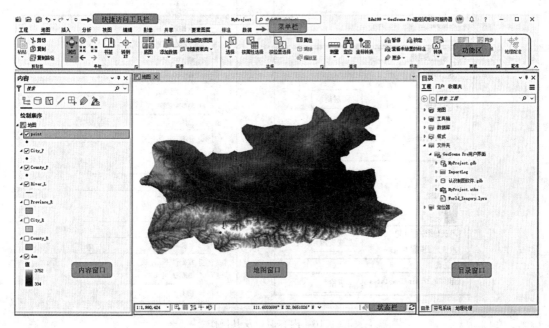

图 1.14　GeoScene Pro 工程初始界面构成

能区通常包含【地图】、【编辑】、【影像】、【分析】等核心制图菜单。当用户在左侧内容窗口选定特定数据类型时，功能区将动态加载相应的功能选项。例如，图 1.15 展示了选择地形栅格数据后功能区呈现的关联操作菜单。

（2）内容窗口

在 GeoScene Pro 中，地图或三维场景的所有图层和表格均在内容窗口中集中显示。通过该窗口，用户可以管理图层的可见性、设置属性参数以及进行图层分组操作。窗口顶部的功能按钮支持按绘制顺序、数据源、选择状态、编辑状态、捕捉设置及标注属性等多种

图 1.15　菜单栏与功能区

方式筛选图层。此外，用户也可通过右键单击图层来调用相关管理功能。（图 1.16）

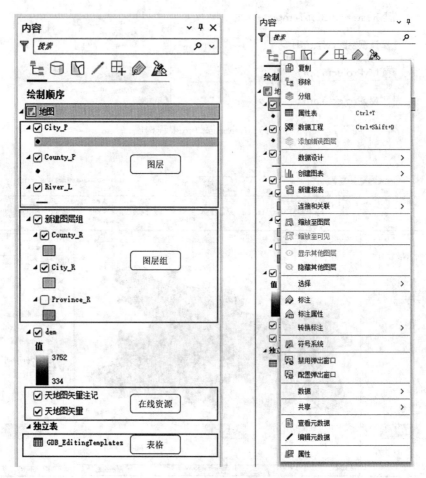

图 1.16　内容窗口及其操作

（3）目录窗口

目录窗口以树状视图显示已添加到工程中的项目、活动门户中的项目、本地及网络驱动器上的项目，以及用户指定的收藏项目。该窗口包含四个选项卡："工程"选项卡列出工程的项目连接及其可用内容；"门户"选项卡显示活动门户中的项目和群组；"计算机"选项卡展示本地和映射网络驱动器上的项目；"收藏夹"选项卡则集中管理用户设置的收藏项目。用户可将收藏项目添加到指定工程，或设置为自动加载到所有新建工程中。（图 1.17）

目录窗口中的各个文件夹、链接、数据库中的数据均可以加载到地图视图中，也可以通过右击【工程】—【文件夹】，添加并引用更多的外部文件夹。

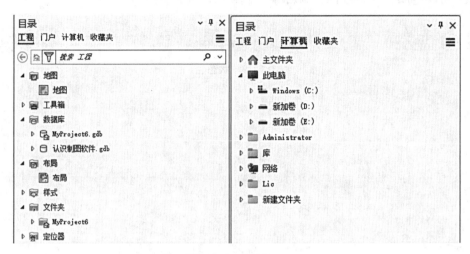

图 1.17 目录窗口

（4）地图窗口

地图可分为 2D 地图、3D 地图和底图三种类型。2D 地图用于地理空间数据的可视化展示，同时也是进行空间数据编辑的主要工作环境。地图窗口主要用于显示二维数据，所有包含空间信息的二维数据集均可添加到地图窗口中进行可视化展示和编辑，且支持同时加载多个数据集。3D 地图在 GeoScene Pro 中称为场景，具体分为局部场景和全球场景两种类型。GeoScene Pro 支持同时打开多个二维地图窗口和三维场景窗口，并可通过"视图—链接—中心和比例"功能实现多窗口联动，如图 1.18 所示。

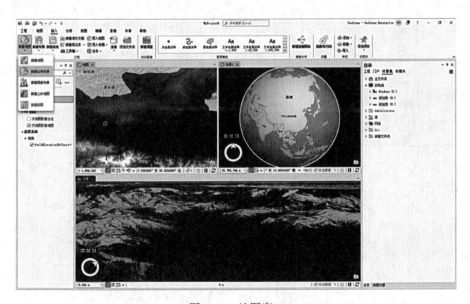

图 1.18 地图窗口

（5）状态栏

状态栏位于地图窗口底部，用来显示地图实时缩放比例尺、坐标值、捕捉、网格、视角高度、清除选择、暂停绘制、刷新等，如图 1.19 所示。

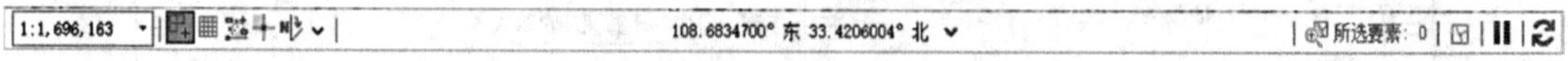

| 1:1,696,163 | ▼ | | | | | 108.6834700° 东 33.4206004° 北 ▼ | | | 所选要素: 0 | | | |

图 1.19　状态栏

技能点 1.4.2　快速入门 GeoScene Pro

微课：快速入门
GeoScene Pro

【实训目的】

✓ 了解 GeoScene Pro。

✓ 了解 GeoScene Pro 的可视化地理信息数据操作。

✓ 能够通过 GeoScene Pro 创建工程、可视化数据、保存工程。

实验数据：快速入门
GeoScene Pro

【实训准备】

✓ 软件准备：GeoScene Pro 4.0。

✓ 数据准备：认识制图软件.gdb。

✓ 实训内容：使用 GeoScene Pro 创建工程、加载数据、可视化数据、保存工程等。

【实训过程】

1. GeoScene Pro 基础

（1）新建及保存工程

新建工程：启动 GeoScene Pro，在启动界面中，点击左侧新建下方的【地图】，输入工程名，选择工程存放路径，即可完成工程创建。（图 1.20）

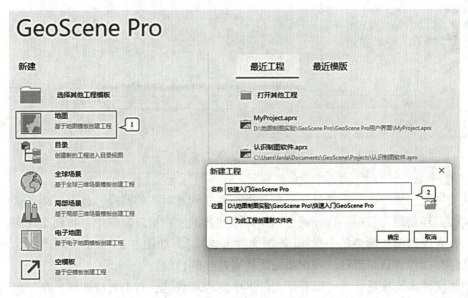

图 1.20　新建地图工程文档

保存工程：点击快捷访问工具栏中的【保存】按钮即可保存工程，如图 1.21 所示。

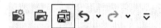

图 1.21 保存工程按钮

（2）加载数据

GeoScene Pro 支持多种加载数据方式，包括直接添加数据、从文件夹添加数据、从地理数据库添加数据以及通过 url 地址添加数据。GeoScene Pro 集成了各种数据集类型，包括基于要素和栅格的空间数据（包括图像和遥感数据）、表格数据、建筑图纸、激光雷达、Web 服务等，如 Shapefile、 * . gdb、 * . tif、 * . dwg、 * . img、 * . LAS、 * . xlsx 等。

直接添加数据：在 GeoScene Pro 工程区地图菜单下，找到【添加数据】按钮，在弹出的"添加数据"对话框中找到要添加的数据即可，如图 1.22 所示。

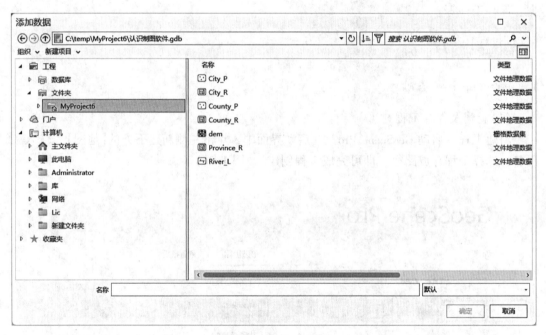

图 1.22 直接添加数据

从文件夹添加数据：如果每次添加数据都要找到其对应的路径，就太烦琐了，可以将常用文件夹连接到工程中，这样就可以快速添加数据。在目录窗口中，找到文件夹，在其上右击，在弹出的快捷菜单中选择【添加文件夹连接】，如图 1.23 所示。同样，也可以直接将文件夹拖拽到目录窗口，实现添加文件夹连接的目的。

添加文件夹连接后，就可以看到文件夹中的地理数据，右击对应图层，在弹出的快捷菜单中选择【添加至当前地图】即可；也可以直接拖拽数据到地图窗口中，实现添加数据的目的。

从地理数据库添加数据：在 GeoScene Pro 中，除了可以从文件夹添加数据，还可以通

图 1.23　添加文件夹连接

过地理数据库来添加数据。在目录窗口中，找到数据库，在其上右击，在弹出的快捷菜单中选择【添加数据库】，这样就可以看到地理数据库中的地理数据，右击对应图层，选择【添加至当前地图】即可。也可以直接拖拽数据到地图窗口中，实现添加数据的目的。(图1.24)

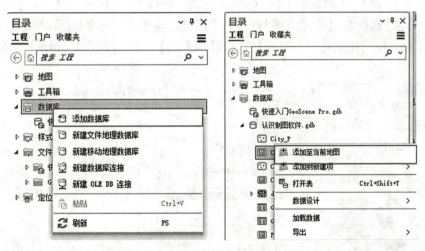

图 1.24　从地理数据库添加数据

2. GeoScene Pro 地图可视化

前面我们已经学习了添加数据的方法，下面将介绍如何对添加的数据进行符号可视化。

(1)符号化地图图层

GeoScene Pro 支持点、线、面等要素的符号化，并且支持单一符号、唯一值、分级色彩、分级符号等符号系统。这里用"City_P"点数据实现单一符号制图，用"River_L"线数据实现分级色彩制图，用"County_R"面数据实现唯一值制图。

点图层符号化：添加"City_P"图层到地图中，在内容窗口中右击"City_P"图层，选择【符号系统】；在符号系统窗口中，点击符号，在弹出的【格式化点符号】窗口中的【图库】

选项卡下选择对应的点，切换到窗口中【属性】选项卡，设置点的颜色和大小，更多的可以通过 ✎ ◈ ✦ 来切换进行设置，最后点击【应用】即可。（图1.25）

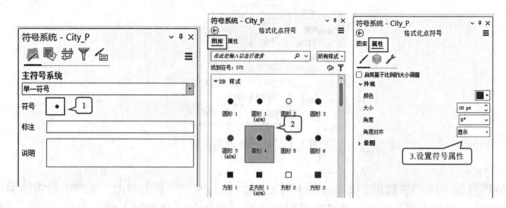

图1.25　点符号系统设置

线图层符号化：添加"River_L"图层到地图中，在内容窗口中右击"River_L"图层，选择【符号系统】；在符号系统窗口中，【主符号系统】选择"分级色彩"，【字段】选择"Shape_Length"，【类】选择5，【配色方案】选择一个渐变色即可。如果要对整体线的粗细进行调整，点击【更多】—【格式化所有符号】，设置【线宽度】，点击【应用】。（图1.26）

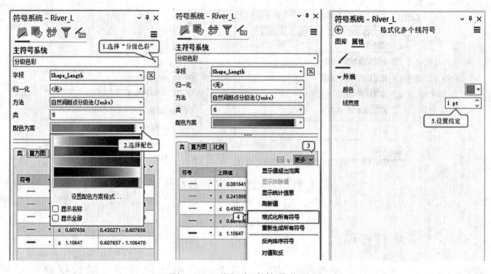

图1.26　分级色彩符号化设置

面图层符号化：添加"County_R"图层到地图中，在内容窗口中右击"County_R"图层，选择【符号系统】；在符号系统窗口中，【主符号系统】选择"唯一值"，【字段】选择"县"，【配色方案】选择"分段色彩"即可。如果要对整体面的边框和样式进行调整，点击【更多】—【格式化所有符号】（与河流符号化一致），设置【轮廓颜色和宽度】，点击【应用】。（图1.27）

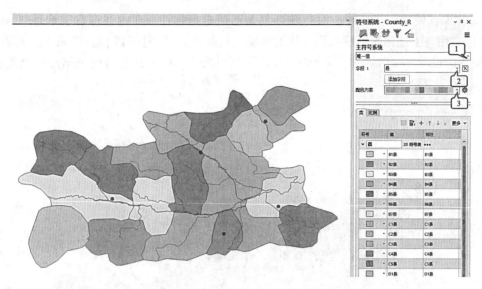

图 1.27　设置面符号

（2）对地图进行标注

标注线：使用标注功能，对河流线图层进行标注。在内容窗口中选择"River_L"图层，功能区会出现标注的菜单和工具按钮，点击【标注】菜单，点击功能区最左侧的【标注】按钮，【字段】选择"MC"，设置字体为"宋体"，大小为 10pt，颜色为蓝色，如图 1.28 所示。此外，还可以根据需要更改标注放置属性。

图 1.28　图层标注设置

河流标注结果如图 1.29 所示。

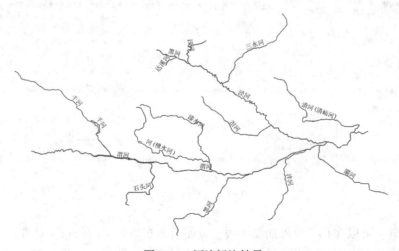

图 1.29　河流标注结果

标注面：使用标注功能，对行政区划面图层进行标注。在内容窗口中选择"County_R"图层，用与上述河流标注操作一样的步骤进行标注，其中【字段】选择"县"，设置字体为宋体和 Times New Roman，大小为 8pt，颜色为黑色。此外，还可以根据需要更改标注放置属性。（图 1.30）

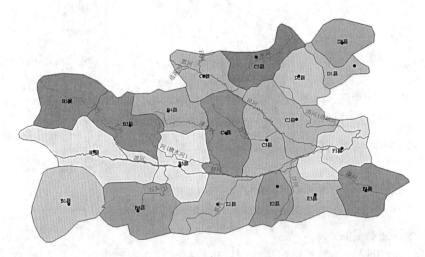

图 1.30　行政区划面标注

（3）创建布局

要将工程共享为地图、海报或 PDF 文件，需要创建布局。布局是由一个或多个地图以及其他整饰要素（如标题、图例、指北针和描述性文本）组成的。

插入布局：在功能区中点击【插入】—【新建布局】，在弹出的下拉列表中选择横向A4，将打开一个新的空白布局视图。（图 1.31）

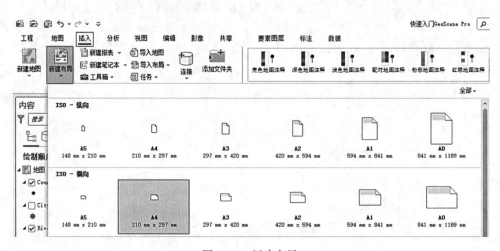

图 1.31　新建布局

设置布局：可以在布局中添加参考线，方便后期布局要素的分布与对齐。方法是，在布局窗口空白处右击，在弹出的快捷菜单中选择相应命令即可，如图 1.32 所示。

图 1.32　添加参考线

插入地图框：可以将布局理解为一张白纸，将地图插入布局中，实现制图目的。在菜单功能区【插入】菜单的【地图框】中，单击【地图框】下拉箭头，弹出一组菜单。在地图组中选择带有比例尺的地图，使用鼠标在布局上绘制一个大矩形，地图框就添加到布局中了。鼠标选中布局中的地图框，地图框上有 8 个锚点，可以根据需求来调整布局大小。若要精准调节页边距，可先添加参考线功能，添加参考线后，锚点即可自动捕捉到参考线上。(图 1.33)

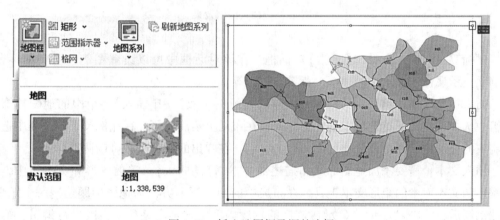

图 1.33　插入地图框及调整边框

在布局的空白处右击，会弹出布局设置窗口，可以缩放至页面全图显示布局，也可以通过属性来设置纸张大小、方向等信息。为了方便后面进行地图整饰要素的插入，这里选择【缩放至页面】，如图 1.34 所示。

缩放至页面 (Z)	Insert	
缩放 100% (1)		
粘贴 (P)	Ctrl+V	
选择性粘贴 (S)	Ctrl+Alt+V	
全选 (S)	Ctrl+A	

图 1.34　选择【缩放至页面】

插入地图整饰要素：需要将图例、指北针和比例尺添加至布局。单击功能区上的【插入】菜单，在【地图整饰要素】组中，单击【图例】 。在布局的右下角，绘制一个区域即可完成图例插入，这时图例的右下角有三个点，表示没有绘制完整，这是因为对"County_R"图层符号系统设置的时候选择了"唯一值"，每个县都有一个符号，导致太多符号绘制不完整。这种情况下，可以将图例窗口拉大来解决，也可以回到【地图】菜单中，将"County_R"图层的符号更改为【单一符号】。（图1.35）

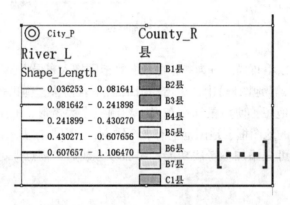

图1.35　插入图例效果

鼠标双击图例，会弹出【元素】对话框，在该对话框中可以设置图例选项中的标题，图例项显示属性，显示中的边框、背景、阴影等。

插入指北针和比例尺：其操作方法与插入图例相似，在【插入】菜单中的地图整饰要素组中选择指北针下拉选项中的任意样式，在布局上绘制即可。在比例尺下拉选项中选择公制中的任意样式即可设置比例尺。双击它们，在弹出的对话框中可以调整样式。

插入文本：需要添加地图标题和描述性文本。在【插入】菜单的图形和文本组中，单击图形和文本库中的矩形文本工具。在布局中的地图框上方，为地图标题绘制一个矩形。释放鼠标后，"文本"一词将显示在该框的轮廓内。文本会高亮显示，以进行编辑，输入"A省水系图"。在功能区的【文本】菜单中，调整字体为黑体，大小为24pt，居中显示。（图1.36）

图1.36　插入文本

导出布局：在功能区的【共享】菜单下，选择【导出布局】，输入文件类型、名称、分辨率等信息，点击【导出】按钮，即可完成地图输出，如图1.37所示。

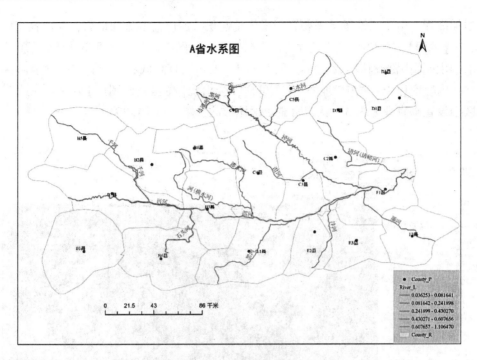

图 1.37 制图输出结果

(4)将地图转换为场景

任何 2D 地图都可以转换为 3D 场景以供数据可视化、探索或分析。在 GeoScene Pro 中，3D 地图被称为场景。在全球模式下，地球被绘制成球体，视点通常是涵盖数千万千米的数据，该视图是大型研究区域的最佳之选。

在此工程中，区域非常小，需要将地图转换为局部场景。在局部模式下，地球以视角方式绘制，视点通常是涵盖数万千米的数据。对于小研究区域，局部视图是最佳之选。

从地图创建场景：继续使用之前的工程，切换到地图页面。添加练习数据中的 dem 到场景中，设置颜色为渐变色。在功能区的【视图】菜单中，点击【转换】下拉选项中的转局部场景，使用鼠标中键可以旋转场景以实现浏览。（图 1.38）

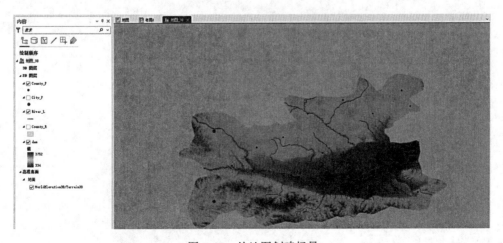

图 1.38 从地图创建场景

添加高程：由于三维场景需要高程来体现起伏，所以需要添加地面，在内容窗口最下方，右击【地面】，在弹出的快捷菜单中选择添加高程源图层，这里选择练习素材中的dem。使用鼠标中键旋转场景，可以看到整个三维场景有高低起伏了。如果觉得起伏不够明显，在内容窗口中，选中"地面"，菜单栏中会出现【高程表面图层】菜单，在此菜单的功能区中设置垂直夸大为3，就能明显看出地形起伏了。（图1.39）

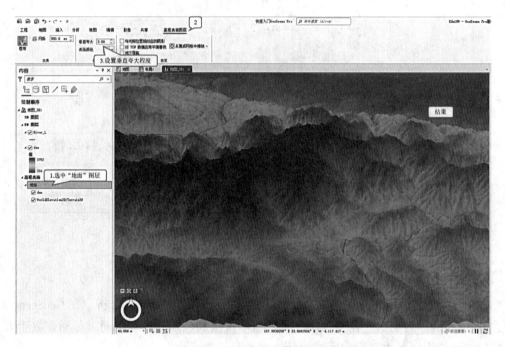

图1.39　添加高程及结果显示

技能点 1.4.3　GeoScene Pro 管理和分析地理数据

【实训目的】

✓ 会用 GeoScene Pro 管理地理数据和操作地理数据。

微课：GeoScene Pro
管理和分析地理数据

【实训准备】

✓ 软件准备：GeoScene Pro 4.0。
✓ 数据准备：认识制图软件.gdb。
✓ 实训内容：使用 GeoScene Pro 管理和分析地理数据。

【实训过程】

实验数据：GeoScene Pro
管理和分析地理数据

1. GeoScene Pro 管理数据

（1）创建点图层

新建点图层：有两种方式。第一种：在目录窗口中，找到已经连接的数据库"认识制图软件.gdb"，右击，在弹出的快捷菜单中选择【新建】—【要素类】。第二种：在目录窗口中找到文件夹，右击，在弹出的快捷菜单中选择【新建】—【Shapefile】。

这里使用第一种方式。在弹出的【创建要素类】窗口中，输入【名称】为"点"，【别名】为"point"，【要素类类型】选择"点"，点击【下一步】；在字段设置步骤中，【单击此处添加新字段】，【字段名】输入"名称"，【数据类型】选择"文本"，点击【下一步】；在空间参考步骤中，输入"4490"后，回车，找到 China Geodetic Coordinate System 2000，选中该坐标系，点击【完成】，新建的点图层会自动添加到内容窗口中。（图 1.40）

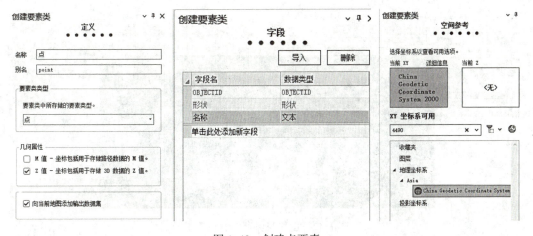

图 1.40　创建点要素

添加影像底图：因为要创建新的图层，所以需要一个参考底图。将练习素材中的

"World_Imagery. lyrx"文件添加到地图中，在功能区的【地图】菜单中，单击▓，经度输入
113. 4544002，纬度输入 23. 4025888，回车，就定位到了本练习绘制的区域。选择"point
图层"，右击，在弹出的快捷菜单中选择【符号系统】，进入格式化点符号界面，将点符号
的大小设置为 10pt，颜色为红色，如图 1.41 所示。

图 1.41　修改 point 图层符号

　　绘制点要素：在功能区的【编辑】菜单下，点击▓【创建】工具按钮，在弹出的创建要
素窗口中，点击 point，点工具▓进入被选中状态，GeoScene Pro 现在处于活动编辑状态，
这时就可以在地图上进行点击，完成编辑后，在功能区的【编辑】菜单下，点击【保存】工
具按钮，如图 1.42 所示。在【地图】功能区中，点击▓【浏览】工具，鼠标切换到地图浏
览模式。

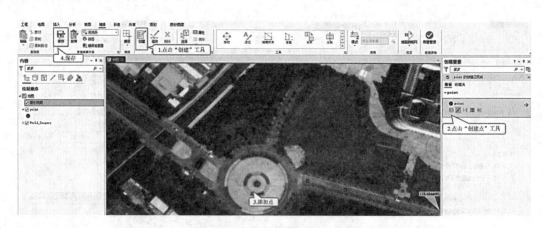

图 1.42　创建与保存绘制点要素

（2）创建线图层
　　线要素的创建过程和点要素的类似：创建一个名为"线"的图层，要素类型选择"线"。

在功能区的【编辑】菜单下，点击 🖼【创建】工具按钮，在弹出的创建要素窗口中，点击线，线工具 ✏ 进入被选中状态，GeoScene Pro 现在处于活动编辑状态，这时就可以在地图上进行点击，点击多个点后，双击鼠标就可以完成编辑，在功能区的【编辑】菜单下，点击【保存】工具按钮。在【地图】菜单的功能区，点击 ✥【浏览】工具，鼠标切换到地图浏览模式。（图 1.43）

图 1.43　线要素绘制结果

（3）创建面图层

面要素的创建过程和点要素的类似，参考点要素创建过程，创建一个名为"面"的图层，要素类型选择"面"。在功能区的【编辑】菜单下，点击 🖼【创建】工具按钮，在弹出的创建要素窗口中，点击面，面工具 ◁ 进入被选中状态，GeoScene Pro 现在处于活动编辑状态，这时就可以在地图上进行点击，点击多个点后，双击鼠标就可以完成编辑，在功能区的【编辑】菜单下，点击【保存】工具按钮。在【地图】菜单的功能区，点击 ✥【浏览】工具，鼠标切换到地图浏览模式。（图 1.44）

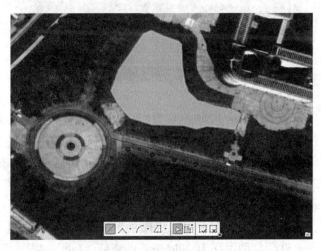

图 1.44　面要素绘制结果

（4）图层属性表管理

添加字段与属性：在内容窗口中，选择"point"图层，右击，在弹出的快捷菜单中选择"属性表"，即可查看点图层的属性表。点击【添加】，在弹出的窗口中【单击此处添加新字段】，字段名输入【类型】，数据类型选择【文本】，点击【字段】功能区中的【保存】工具按钮，即可完成字段添加。（图1.45）

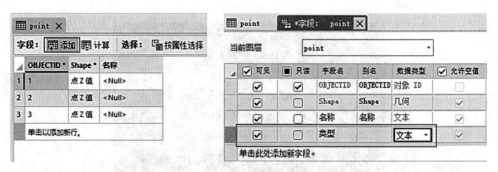

图 1.45　添加字段

添加属性：打开 point 图层属性表，在上一步新建的字段下方输入对应属性即可，比如这里点指代道路周边的基础设施，如路灯、井盖、垃圾桶等，输入结果如图1.46所示。点击属性表行头序号，要素会高亮显示，这样就可以确认是哪个点要素。如果想取消所选择的要素，可以在功能区单击【编辑】—【选择】—【清除】，取消选择。

OBJECTID *	Shape *	名称	类型
1　1	点 Z 值	<Null>	井盖
2　4	点 Z 值	<Null>	垃圾桶
3　5	点 Z 值	<Null>	路灯
4　6	点 Z 值	<Null>	路灯
5　7	点 Z 值	<Null>	路灯

图 1.46　所选要素

计算几何：计算点、线、面的几何属性，比如点的经纬度、线的长度、面的周长和面积等。在属性表的任意一列的标题上右击，在弹出的快捷菜单中选择【计算几何】，在计算几何窗口的字段下分别输入经度和纬度，选择对应的几何属性，点击确定完成几何计算。（图1.47）

（5）导出为 Shapefile 文件

在内容窗口中，右击点图层，在弹出的快捷菜单中选择【数据】—【导出要素】，将输出路径设置为文件夹，就会自动保存为 .shp 格式的文件。（图1.48）

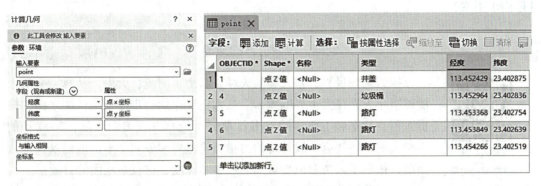

图 1.47 计算几何及结果

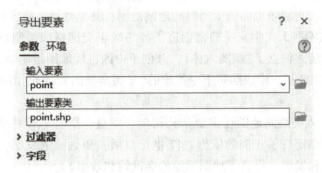

图 1.48 导出 Shapefile 文件

2. GeoScene Pro 分析数据

GeoScene Pro 提供了功能强大的空间分析工具，总数量超过 1500 个，这些工具的使用具有相同的逻辑。在功能区单击【工具】，即会弹出【地理处理】窗口，查找"缓冲区"，点击【缓冲区（分析工具）】，在弹出的界面中进行参数设置，得到结果，如图 1.49 所示。

图 1.49 缓冲区参数设置及结果

【思政小讲堂】

地图，探索世界的力量

二维动画：地图，
探索世界的力量

　　探索未知世界，是人类的天性，高山、河流、大海、丛林……从未能够阻止人类探索世界的脚步。从古巴比伦的初步探索到丝绸之路的横贯东西，从郑和下西洋的航海壮举到哥伦布发现美洲大陆，7000 年的人类文明，始终有一股神奇的力量，将世界形象而又丰富地记录在世人面前，拓展了人类对世界认知的广度和深度，这就是地图的力量！

　　早在公元前 2500 年，古巴比伦王国就用简单的方法标识山脉、城镇、河道等地形特征。2100 年前，长沙马王堆汉墓出土的地形图和驻军图，是我国目前发现的最早的地图，它清晰地标明了当时的地域范围、驻军营地、防区界线等要素。

　　1800 年前，古希腊天文学家托勒密创造了经纬线正交网格法绘制世界地图。同一时代的中国地图学家裴秀创立了"制图六体"，开创了中国古代地图绘制学，被誉为"中国科学制图学之父"。1708 年，由康熙帝下令编绘的《皇舆全览图》，绘制出中国第一幅注有经纬网的全国地图。

　　17 世纪以前，人类绘制地图还主要依托司南、罗盘、指南车等测绘工具，使底图表达对方向和距离的测定有了正确的依据。17 世纪以后，望远镜的发明，经纬仪、平板仪等测绘工具的改进和发展，提高了地图测绘的准确性和效率。

　　20 世纪初，航空摄影测量、航天遥感技术的出现改变了地面测图的传统方法，是地图发展的又一次变革。

　　进入 21 世纪，3S 技术——遥感、地理信息系统、全球定位系统技术的深入运用，使实测手工制图向人机交互自动制图转变。人工智能时代的到来，促使地图学再度崛起，使地图服务更加多样化、个性化、智能化。

思考题

1. 地图的三个基本特征是什么？地图的定义是什么？
2. 地图的四大功能是什么？从地图功能的角度如何理解地图概念？
3. 地图的构成要素包括哪三个部分？
4. 地图按内容如何分类？什么是普通地图？什么是专题地图？
5. 地图学的主要发展趋势是什么？
6. 根据你的实际用图经验，谈谈地图的应用情况。

项目 2　地图数学基础

项目概述

地图是以缩小的形式反映客观世界的，主要对象是地球，地球是一个不规则的形体，要将地球表面事物转换到地图平面上或球面或椭球面上，同时保持地图的地理要素与实地保持正确的对应关系及比例关系，便于量算、分析等，必须建立坐标系、投影、比例尺等地图的数学基础。本项目首先介绍地球的形状，再介绍地图坐标系统和地图投影。

学习目标

≫ 知识目标 ≪

✓ 掌握地球的自然形体、大小。
✓ 掌握对地球自然形体的模拟——椭球体。
✓ 掌握我国常用的坐标系统。
✓ 掌握地图投影的原理、方法及种类。
✓ 掌握地图比例尺的概念及表现形式。

≫ 技能目标 ≪

✓ 能根据实际应用需求，利用制图软件判定、选择和使用地图的坐标系统。
✓ 能根据实际应用需求，利用制图软件判定、选择和使用地图投影。

≫ 素养目标 ≪

✓ 坐标系统、地图投影的发展与更新，受到人类对地球形体的认知和模拟技术手段的影响，是一个逐步发展和进步的过程。对地图坐标系统的学习，可培养科学严谨的作风和创新思维能力。

✓ 对我国坐标系统的发展进行学习，提升民族自豪感，增强专业自信，激发爱国主义情怀。

任务 2.1　认识地球的形状与大小

知识点 2.1.1　地球形状模拟

微课：椭球体

虚拟仿真：椭球体

地球的表面是一个不可展平的曲面，而平面地图是在平面上缩小描述地理实体和地理现象，这就给地图工作者提出一个问题，即如何建立球面与平面的对应关系，要解决这个问题，就必须先对地球的形状和大小进行研究。

1. 地球的自然表面

立足太空，放眼地球，地球是标准的正球体。但地球的自然表面起伏不平，极其不规则，有高山、丘陵、平原、盆地和海洋，陆地最高峰珠穆朗玛峰（8848.86m，2020 年测量）与海底最低处马里亚纳海沟（深度为 -11034m）相差接近 20km。我们称这个高低不平的表面所包围的形体为地球自然球体。

通过人造地球卫星对地球观察的资料分析发现，地球是一个极半径略短（6356.752km）、赤道半径略长（6378.137km），北极略突出、南极略扁平，呈"梨形"的椭球体。当然，这是一种形象的夸张，因为地球的赤道半径和极半径的差距（21.385km）相对于地球而言十分微小。

由于真实的地球自然外形轮廓是不规则、难以展开的曲面，无法用数学公式表达，也无法进行运算，所以在量测和制图时，必须找一个规则的曲面体来代替地球的自然体，用一个规则曲面来代替地球的自然表面。

2. 地球的物理表面

假想海水完全静止时，它的自由水面必定与该面上各点的重力方向（铅垂线方向）成正交。设想这个静止的海水面延伸到大陆内部，包围整个地球，形成一个闭合的曲面，这个曲面称为水准面。因潮汐作用的影响，海水面会时高时低，水准面会有无数个。其中，平均海水面形成的闭合曲面，称为大地水准面。大地水准面所包围的形体，称为大地体，它是对地球表面的一级逼近。地球体内部质量分布不均匀，引起重力方向的变化，导致处处与铅垂线方向正交的大地水准面不是一个规则的曲面，仍然不能用数学表达。（图 2.1）

大地水准面是一个起伏不平的重力等位面，即地球的物理外形轮廓。大地水准面是大地测量基准之一，确定大地水准面是国家基础测绘的一项重要工程。

2011 年，欧航局（欧洲航天局，European Space Agency，ESA）在不考虑潮汐、洋流等因素，仅在地心引力的作用下，构建了大地水准面的三维模型（图 2.2），可见地球表

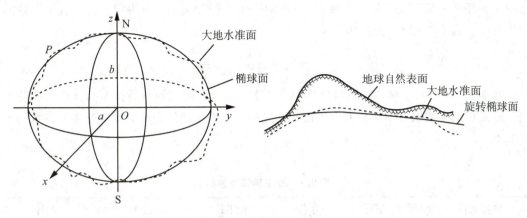

图 2.1　大地水准面

面坑坑洼洼、布满裂痕，像极了一个表面凹凸不平的彩色"土豆"，也有人称其为地球的"素颜照"。

图 2.2　大地水准面三维模型

图 2.2 彩图

3. 地球的数学表面

　　大地水准面是一个不规则的曲面，形状十分复杂，对于地球的相关研究仍然无法建立数学模型。1686 年，著名的科学家牛顿在研究天体力学时，发现地球的自转会影响其形状。具体来说，地球自转导致其上的质点绕地轴旋转，从而产生惯性离心力，使得地球成为一个赤道略为隆起、两极略为扁平的椭球体。牛顿通过理论计算得出地球的扁率约为1/230。这是首次通过公式严格证明地球是椭球体，确切地说，地球是一个三轴旋转椭球体。假想地球是一个绕着短轴（即地轴）飞速旋转得到的表面光滑的椭球体，称其为旋转椭球体，即此时得到规则的数学表面被称为地球的数学外形轮廓，也被称为地球椭球体，是对地球表面的二级逼近。

　　地球椭球体表面是一个规则的数学表面，它是测量与制图的基础。椭球体的大小通常用两个半径——长半径 a 和短半径 b——或由一个半径和扁率 f 来决定。扁率表示椭球的扁平程度。扁率 f 的计算公式为

$$f=\frac{a+b}{a}$$

基本元素 a、b、f 称为地球椭球体的三要素。由于各国观测分析技术和推算方法的不同，三元素的参数值也不尽相同，下面将常见的坐标系采用的地球椭球体的主要参数列于表 2.1。

表 2.1   地球椭球体参数

椭球名称	英文(缩写)	年份	长半径	扁率	附注
海福特	Hayford	1909	6379388	1：297.000	1942 年国际第一个推荐值
克拉索夫斯基	Krassovsky	1940	6378245	1：298.300	苏联
1975 年国际椭球	IAG75	1967	6378140	1：298.257	1975 年国际第三个推荐值
WGS84 椭球	WGS84	1984	6378137	1：298.257223563	1979 年国际第三个推荐值
CGCS2000 椭球	CGCS2000	2000	6378137	1：298.257222101	

我国在 1952 年以前采用海福特椭球体，从 1953 年到 1980 年，我国 1954 年北京坐标系采用的是克拉索夫斯基椭球体。1975 年第 16 届国际大地测量及地球物理联合会 (International Unionof Geodesy and Geophysics，IUGG) 上通过的国际大地测量协会第一号决议中公布的地球椭球体，称为 GRS(1975)，我国 1980 西安坐标系开始采用 GRS(1975)参考椭球体。随着人造地球卫星的发展，有了更精密测算地球形体的条件，近些年来地球椭球体的计算又有不少新的数据。

知识点 2.1.2　构建基准面

即便应用地球椭球体，仍然不能够精确地表达出地球的形状，所以还要进一步校正。大地水准面是最接近地球真实表面的模型，因此，将地球椭球体根据大地水准面进行偏移，直到获得最佳拟合为止。

基准面是指大地水准面与椭球体面的相对关系，即确定与局部地区大地水准面拟合最好的一个地球椭球体。使用数学方法将地球椭球体摆放至与大地水准面最贴近的位置上，即对地球椭球体进行定位和定向。

基准面包含选择的地球椭球体以及椭球中心相对于大地水准面中心的偏移位置。基准面是对地球表面的第三次逼近。

1. 地心基准面

总体最佳拟合的基准面称为地心基准面，例如我国 2000 国家大地坐标系(China Geodetic Coordinate System 2000，CGCS2000)基准面就是一种地心基准面，基于 CGCS2000 椭球。另外，1984 世界坐标系(World Geodetic System 1984，WGS1984)基准面也是地心基准面，基于 WGS1984 椭球。

（1）2000 国家大地坐标系基准面

2000 国家大地坐标系基准面是地心基准面，是全球地心坐标系在我国的具体体现，其原点为包括海洋和大气的整个地球的质量中心。随着社会的进步，国民经济建设、国防建设和社会发展、科学研究等对国家大地坐标系提出了新的要求，迫切需要采用原点位于地球质量中心的坐标系统(简称地心坐标系)作为国家大地坐标系。采用地心坐标系，有利于采用现代空间技术对坐标系进行维护和快速更新，测定高精度大地控制点的三维坐标并提高测图工作效率。

2008 年 3 月，国土资源部向国务院提交《关于中国采用 2000 国家大地坐标系的请示》(国土资发〔2008〕30 号)，并于 2008 年 4 月得到国务院正式批准。自 2008 年 7 月 1 日起，中国全面启用 2000 国家大地坐标系，由国家测绘局授权组织实施。2000 国家大地坐标系所采用的椭球参数为：长半轴 6378137.0m，短半轴 6356752.314140356m，扁率 298.257222101。

（2）1984 世界坐标系基准面

1984 世界坐标系的原点位于地球质心，采用的椭球参数为：长半轴 6378137.0m，短半轴 6356752.314245179m，扁率 298.257223563。

2. 区域基准面

为特定区域的大地水准面找到的最佳拟合椭球，叫作区域基准面，如图 2.3 所示。这种基准面只在特定区域拟合良好，因为区域基准面的旋转椭球体只与地表某特定区域吻合得很好，而在其他地区的拟合将会变差，如图 2.4 所示。所以，它不适用于该区域之外的其他区域。

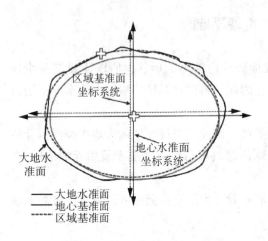

图 2.3　地心基准面与区域基准面

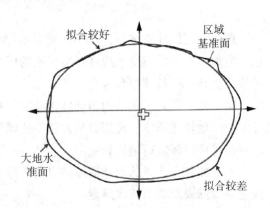

图 2.4　区域基准面拟合效果

我国常用的区域基准面有 1954 年北京坐标系基准面和 1980 西安坐标系基准面。

（1）1954 年北京坐标系基准面

1954 年北京坐标系基准面基于克拉索夫斯基（Krasovsky_1940）椭球，原点在苏联的普尔科沃。

1954 年北京坐标系采用了苏联的克拉索夫斯基椭球参数，并与苏联 1942 年坐标系进行联测，通过计算建立了我国大地坐标系，定名为 1954 年北京坐标系，简称为北京 54 坐标系。因此，1954 年北京坐标系可以认为是苏联 1942 年坐标系的延伸，它的原点不在北京，而是在苏联的普尔科沃，是参心坐标系。

（2）1980 西安坐标系基准面

1980 西安坐标系基准面基于 IAG75 椭球，原点在西安附近的泾阳县永乐镇。

1980 西安大地坐标系采用的地球椭球基本参数为 1975 年国际大地测量与地球物理联合会第 16 届大会推荐的数据，即 IAG75 地球椭球体。该坐标系的大地原点设在我国中部的陕西省泾阳县永乐镇，位于西安市西北方向约 60km，故称为 1980 西安坐标系，简称为西安 80 坐标系，是参心坐标系。

任务2.2 如何表达地物位置

知识点2.2.1 建立坐标系

地理事物是如何表示在地图上的？需要确定地理事物的坐标，才能精确表达在地图上。那么，地面点是如何确立坐标的？需要先建立坐标系。坐标系包括地理坐标系、平面直角坐标系。

微课：坐标系

1.地理坐标系

地理坐标系（Geographic Coordinate System，GCS），是使用三维球面来定义地球表面位置，以实现通过经纬度对地球表面点位引用的坐标系。地理坐标是用经度、纬度表示地面点位置的球面坐标。

一个地理坐标系包括角度测量单位、本初子午线和基准面（基于旋转椭球体）三个部分。对于地球椭球体而言，其围绕旋转的轴称为地轴。地轴的北端称为地球的北极，地轴的南端称为地球的南极。过地心与地轴垂直的平面与地球椭球面的交线是一个圆，这是地球的赤道，过地轴和英国格林尼治天文台旧址与地球椭球面的交线称为本初子午线（首子午线）。以地球的北极、南极、赤道以及本初子午线作为基本点和线，就构成了地理坐标系统，如图2.5所示。

虚拟仿真：
地理坐标系

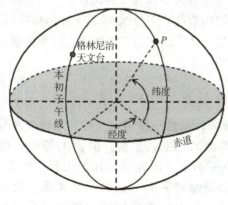

图2.5 地理坐标系统图

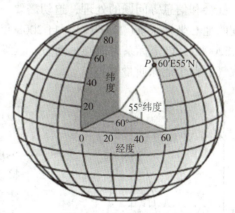

图2.6 P点的地理坐标

经度测量本初子午线（本初子午线是经过英格兰格林尼治天文台的0°经线）以东或以西多少度？范围为-180°~+180°。纬度测量赤道向上或向下多少度？从南极的-90°到北极的+90°，如图2.6所示，P点的地理坐标为经度（东经60°）和纬度（北纬55°）。

我国曾用过的地理坐标系主要有1954年北京坐标系、1980西安坐标系和2000国家大地坐标系。其中1954年北京坐标系和1980西安坐标系是区域基准面坐标系，是参心坐标系；2000国家大地坐标系是地心基准面坐标系，是地心坐标系。

（1）1954年北京坐标系

中华人民共和国成立初期，迫切需要建立坐标系，就采用了苏联的克拉索夫斯基椭球参数，与苏联1942年坐标系进行联测，建立了我国大地坐标系，定名为1954年北京坐标系（Beijing Geodetic Coordinate System 1954），将我国的大地控制网和苏联1942年普尔科沃大地坐标系相连接。1954年北京坐标系有许多不足的地方：

①采用的克拉索夫斯基椭球，与我国大地水准面符合不够严密。

②克拉索夫斯基椭球定向不明确，椭球地轴的指向并不是我国的地极原点，起始大地子午面也不是格林尼治天文台子午面。因此，1954年北京坐标系的定向不明确，坐标换算也极为不易。

③由于我国当时处理重力数据时采用的是赫尔默特扁球，而不是旋转椭球，这与克拉索夫斯基椭球完全不一致，导致几何大地测量和物理大地测量应用的参考面不统一，给重力数据的处理带来了极大的麻烦。

（2）1980西安坐标系

由于1954年北京坐标系存在众多不足，我国于1978年4月经全国天文大地网会议决定，采用1975年国际大地测量和地球物理联合会（IUGG）推荐的IAG75椭球参数，大地原点位于陕西省西安市北泾阳县永乐镇，简称西安原点，故称该坐标系为1980西安坐标系。其主要优点在于：椭球体参数精度高，定位采用的椭球面与我国大地水准面吻合好，大地坐标网坐标经过了全国性整体平差，坐标统一，精度优良，可以满足1∶5000甚至更大比例尺测图的要求。

（3）2000国家大地坐标系

随着空间信息技术及其应用技术的迅猛发展，国家、区域、海洋与全球化的资源、环境、社会和信息等问题的处理，迫切需要一个以全球参考基准框架为背景的、与全球总体适配的地心坐标系统（如ITRF）。自2008年起，我国全面启用2000国家大地坐标系（简称CGCS2000），该坐标系为地心、动态、三维大地坐标系，原点位于地球质心，即包括海洋和大气的整个地球质量中心。

2. 平面直角坐标系

地理坐标系是一种球面坐标。地球表面是不可展平的曲面，也就是说，曲面上的点不能直接表示在平面上，因此必须用地图投影的方法，建立地球表面和平面上点的函数关系，使地球表面上任一个由地理坐标确定的点，在平面上必须有一个与它相对应的点。我国常用的是高斯平面坐标系，即将投影到高斯-克吕格投影平面，以平面 x，y 的形式表示，建立高斯平面直角坐标系（图2.7）。

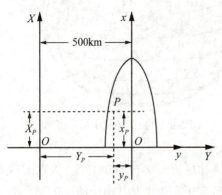

图2.7　我国采用的高斯平面直角坐标系

知识点2.2.2　建立高程系统

地面点除用地理坐标确定其平面位置外，还要测定其高程位置。为了使高程测量工作在一个国家的广阔范围内统一起来，世界各国均有各自的高程起算基准面，作为全国测图和工程实施的基础高程控制基准。中华人民共和国成立以来，建立了大沽高程系、大沽高程基准、独立高程基准、渤海高程、1956年黄海高程基准和1985年国家高程基准等。

微课：高程系统

其中，以1956年黄海高程系和1985年国家高程基准为主。我国以青岛港验潮站的长期观测资料推算出的黄海平均海水面作为我国的水准基准面，即零高程面。我国水准原点建立在青岛验潮站附近，并构成原点网。用精密水准测量测定水准原点相对于黄海平均海面的高差，即水准原点的高程，定为全国高程控制网的起算高程。

1. 1956年黄海高程系

中华人民共和国成立前，我国曾使用过坎门平均海水面、吴淞零点、废黄河零点和大沽零点等多个高程基准面，造成了高程测量成果互不衔接。中华人民共和国成立以后，在1985年前，采用以青岛验潮站1950—1956年测定的黄海平均海水面作为统一的高程基准面，并且在青岛观象山埋设了永久性的水准原点，其高程是以青岛验潮站平均海水面为零点，经过精密水准测量进行连测而得的，它对黄海平均海水面的高程为72.289m。青岛验潮站位于青岛大港一号码头西端，建于1898年，验潮站周围为花岗岩非烈震区，地壳稳定，海水较深，没有较大的河流汇入，适合验潮。凡由这个时期的黄海平均海水面建立起来的高程控制系统，称为1956年黄海高程系。统一高程基准面的确立，克服了中华人民共和国成立前我国高程基准面混乱以及不同省区的地图在高程系统上不能拼合的弊端。

2. 1985年国家高程基准

经过多年观测得到的数据显示，黄海平均海水面发生了微小的变化。根据青岛验潮站1953—1979年潮汐观测资料计算的平均海水面，计算出国家水准原点的高程值由原来的72.289m变为72.260m，标志着高程基准面发生了变化，这种变化使高程控制点的高程也随之发生了微小变化。1988年1月1日国家正式启用新的高程基准面，即1985年国家高程基准，新的高程基准比原基准上升了0.029m。

任务 2.3　地图投影的建立及应用

知识点 2.3.1　认识地图投影

微课：地图投
影定义及特征

虚拟仿真：地
图投影原理

由于地球表面是不可展的曲面，而地图通常是连续的二维平面，因此用地图表示地球表面的一部分或全部，就产生了一种不可克服的矛盾——球面与平面的矛盾。如果强行将地球表面展成平面，那就如同将橘子皮剥下铺成平面一样，不可避免地要产生不规则的裂口和褶皱，而且其分布也毫无规律可循。将不可展球面上的图形变换到一个连续的地图平面上，就必须采用地图投影方法。

1. 地图投影含义

用地图投影来解决球面与平面的矛盾，最初是用几何透视方法，这种方法是建立在透视学原理基础之上的，即假设地球按比例尺缩小成一个透明的地球仪那样的球体，在其中心安放一个点光源（在透视学上称为视点），接通电源，把地球表面上的经线、纬线连同控制点及地形、地物图形，投影到与地球表面构成相切关系的平面上，如图 2.8 所示，这是最简单也最容易理解的地图投影几何透视法，这种投影被称为球心透视方位投影。

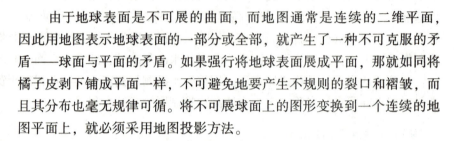

图 2.8　球心透视方位投影

除此之外，我们还可以用圆锥面或圆柱面作为投影面。将圆锥面或圆柱面切或割在地球面上的某一位置，仍用透视方法，将地球面上的经线和纬线投影到圆锥面或圆柱面上，再沿着圆锥面或圆柱面的某条母线切开，展成平面，即得到圆锥投影或圆柱投影，如图 2.9 和图 2.10 所示。

几何透视法只能解决一些简单的由球面到平面的变换问题，具有很大的局限性。随着数学分析这一分支学科的出现，人们普遍采用数学分析方法来解决地图投影问题，即通过数学分析方法来建立地球椭球面与投影平面上的点、线、面的一一对应关系，即

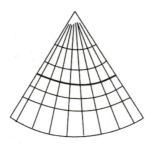

图 2.9　透视圆锥投影

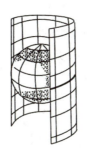
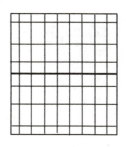

图 2.10　透视圆柱投影

$$\left.\begin{array}{l} x = f_1(B,\ L) \\ y = f_2(B,\ L) \end{array}\right\}$$

实际上，目前很少有投影采用几何学原理的所谓"投影"，绝大多数用数学方法来解决地球表面到平面的变换问题，所以地图投影学又称数学制图学。"地图投影"这一名词，严格从字面理解，它只包含几何透视法，但这一名词沿用已久，并不妨碍它的发展，随着学科的发展，又赋予了它新的更广泛的内涵。

2. 地图投影变形

地球椭球面或球面与平面之间的矛盾，通过地图投影的方法得以解决。然而，不论采用何种地图投影方法，都不可避免地产生变形。如图 2.11 所示，黑色表示的三个网格在地球表面上由相同间隔的经差和纬差构成，在地球表面上应具有相同的形状和大小，但在投影平面上，却产生了明显差异，这就是投影变形所致。

地图投影变形的性质和变形的程度通常用变形椭圆的形状和大小表示。如图 2.12 所示，变形椭圆是指地球面上的微小圆，投影后为椭圆（特殊情况下为圆），这个椭圆可以用来表示投影的变形，故称为变形椭圆。在不同位置上的变形椭圆通常有不同的形状和大小，说明了投影的变形情况。

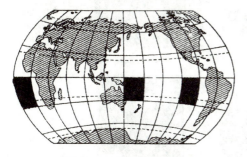

图 2.11　地图投影变形

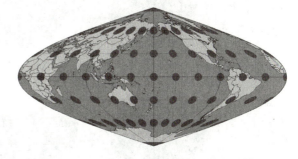

图 2.12　地球面上微小圆投影后的变形情况

3. 地图投影分类

微课：地图
投影分类

地图投影的种类很多，分类方法不尽相同，通常采用的分类方法有两种：一是按变形的性质进行分类，二是按照承影面的不同进行分类。

1）按变形性质分类

按地图投影的变形性质，地图投影一般分为等角投影、等（面）积投影和任意投影三种。

等角投影：没有角度变形的投影。等角投影地图上两微分线段的夹角与地面上的相应两线段的夹角相等，能保持无限小图形的相似，但面积变化很大。等角投影多用于航海图、洋流图和风向图。

等积投影：没有面积变形的投影。在这种投影图上，任意一块面积与地球表面上相应的面积都是相等的。这种投影图上，角度（形状）变形较大。由于等积投影没有面积变形，故有利于在地图上进行面积对比，一般常用于绘制对面积精度要求较高的自然地图和经济地图，如政区土地利用图。

任意投影：既不等积又不等角的投影。在这种投影图中，面积和角度都存在变形，但角度变形小于等积投影，面积变形小于等角投影。

在任意投影中，有一种比较常见的等距投影，其定义为沿某一特定方向的距离，投影前后保持不变，即沿着该特定方向长度比为1。在这种投影图上并不存在长度变形，它只是在特定方向上没有长度变形。

等距投影多用于要求面积变形不大、角度变形也不大的地图，如一般参考用图和教学地图。

2）按承影面不同分类

按承影面不同，地图投影分为方位投影、圆锥投影和圆柱投影。（图 2.13）

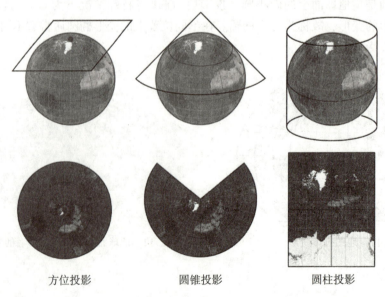

方位投影　　　　　　圆锥投影　　　　　　圆柱投影

图 2.13　投影示意图

（1）方位投影

方位投影是以平面作为承影面进行地图投影。承影面（平面）可以与地球相切或相割，将经纬线投影到平面上。同时，根据承影面与椭球体之间的位置关系不同，方位投影又有正轴方位投影、横轴方位投影和斜轴方位投影之分。（图 2.14）

虚拟仿真：方位投影

正轴方位投影：经线是从投影中心点向外放射的直线束，纬线是以投影中心为圆心的同心圆，经线夹角与地面上相应的经度差相等，经线和纬线相互垂直。

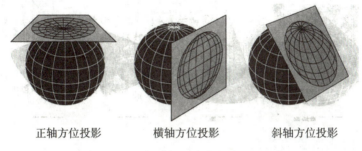

正轴方位投影　　　横轴方位投影　　　斜轴方位投影

图 2.14　方位投影

横轴方位投影：有两条直线，一条是经过投影中心的经线，另一条是赤道，其余经线都是曲线，正射纬线是平行于赤道的直线。

斜轴方位投影：除经投影中心点的经线投影成直线外，其余的经线、纬线都是曲线。

（2）圆锥投影

圆锥投影是以圆锥面作为承影面，将圆锥面与地球相切（图 2.15）或相割（图 2.16），将其经纬线投影到圆锥面上，然后把圆锥面展开成平面而成的。这时圆锥面又有正位、横位及斜位几种不同位置的区别，制图中广泛采用正轴圆锥投影。

虚拟仿真：圆锥投影

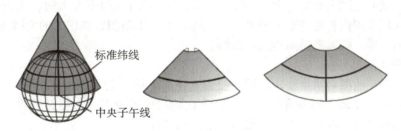

标准纬线

中央子午线

图 2.15　圆锥投影（相切）

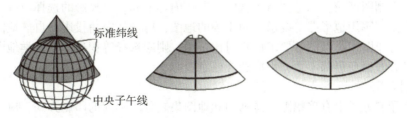

标准纬线

中央子午线

图 2.16　圆锥投影（相割）

虚拟仿真：
圆柱投影

（3）圆柱投影

圆柱投影是以圆柱面作为承影面，将圆柱面与地球相切或相割，将其经纬线投影到圆柱面上，然后把圆柱面展开成平面而成的。根据圆柱轴与地轴的位置关系，圆柱投影可分为正轴、横轴和斜轴三种（图2.17）。其中，广泛使用的是正轴、横轴切或割圆柱投影。

 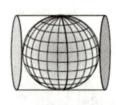 

（a）正轴圆柱投影　　（b）横轴圆柱投影　　（c）斜轴圆柱投影

图2.17　圆柱投影类型

微课：地图
投影应用

4. 地图投影应用

地图投影是将地球椭球面上的地物科学准确地转绘到平面图纸上的控制骨架和定位依据。在编制地图过程中，对新编地图投影的选择和设计至关重要，它将直接影响到地图的精度和使用价值。选择地图投影的依据如下。

1）制图区域的地理位置、形状和范围

制图区域的地理位置决定了投影种类，例如，制图区域在极地位置，应选择正轴方位投影；制图区域在赤道附近，则应选择横轴方位投影或正轴圆柱投影。

制图区域的形状直接制约投影选择，在低纬赤道附近，如果是沿赤道方向呈东西延伸的长条形区域，应选择正轴圆柱投影；如果是在东西、南北方向长宽相差无几的圆形区域，则以选择横轴方位投影为宜。

制图区域的范围大小影响投影选择。当制图区域的范围不太大时，无论选择什么投影，制图区域范围内各处变形差异都不会太大。而对于制图区域广大的大国地图、大洲地图、世界地图等，则需要慎重地选择投影。

2）制图比例尺

不同比例尺地图对精度要求不同，投影选择亦不同。大比例尺地形图对精度要求高，宜采用变形小的投影，如分带投影。中、小比例尺地图范围大、概括程度高、定位精度低，可有等角投影、等积投影、任意投影等多种选择。

3）地图的内容

在同一个制图区域，因地图所表现的主题和内容不同，其投影的选择应有所不同：交通图、航海图、军用地形图等要求方向正确的地图，应选择等角投影；自然地图和社会经济地图中的分布图、类型图等要求面积对比正确，则应选择等积投影；教学地图或一般参考图，要求各方面变形都不大，则应选择任意投影。

4）印制方式

地图在印制方式上有单幅图、系列图和地图集之分。不同的印制方式，应选择不同的投影方式。

知识点 2.3.2　我国常用地图投影

1. 我国基本比例尺地形图投影

我国地形图中除 1∶100 万比例尺地形图采用国际投影和横轴等角割圆锥投影外，其余地形图全部采用高斯-克吕格投影。

（1）1∶100 万地形图投影

我国 1∶100 万地形图在 20 世纪 70 年代以前一直采用国际百万分之一投影，现改用正轴等角割圆锥投影，如图 2.18 所示。

微课：等角圆锥
投影应用

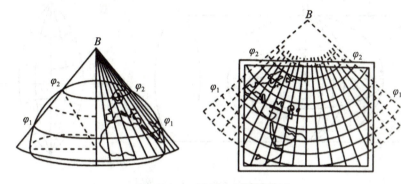

图 2.18　正轴等角割圆锥投影

正轴等角割圆锥投影是按纬度差 4°分带，各带投影的边纬与中纬变形绝对值相等，每带有两条标准纬线。长度与面积变形的规律是：在两条标准纬线上无变形；在两条标准纬线之间为负（投影后缩小）；在标准纬线之外为正（投影后增大），如图 2.19 所示。

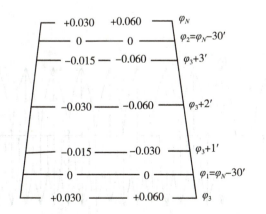

图 2.19　我国 1∶100 万地形图正轴等角割圆锥投影的变形

微课：高斯-克吕
格投影

虚拟仿真：高斯-
克吕格投影

（2）其他比例尺地形图投影

我国 1∶50 万和更大比例尺地形图统一采用高斯-克吕格投影。

高斯-克吕格投影是横轴等角切椭圆柱投影，最初由德国数学家、物理学家、天文学家高斯拟定，后经德国大地测量学家克吕格于1912年完善并发表投影公式，故称高斯-克吕格投影。

高斯-克吕格投影是设想一个椭圆柱横切于地球椭球某一经线（中央经线），根据等角条件，用数学分析方法将地球椭球面上的经纬线投影到椭圆柱面上，展开后得到的一种投影，如图2.20所示。高斯-克吕格投影是沿经线分带的一种等角投影，其投影条件是：中央经线和赤道投影为平面直角坐标的 X、Y 轴；投影后无角度变形；中央经线投影后保持长度不变。

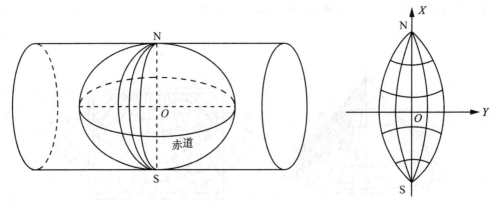

图 2.20　高斯-克吕格投影

高斯-克吕格投影没有角度变形，但有长度变形，且为正。面积变形是长度变形的平方，影响变形的主要因素是经度差。为了保证地形图应有的精度，就要限制经差，即限制高斯-克吕格投影的东西宽度。为了控制变形，高斯-克吕格投影采用分带投影的办法，规定1∶2.5万～1∶50万地形图采用6°分带；1∶1万及更大比例尺地形图采用3°分带。（图2.21）

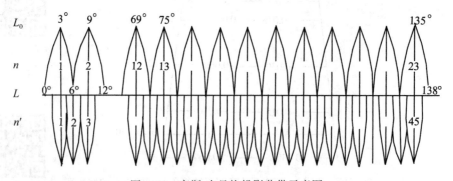

图 2.21　高斯-克吕格投影分带示意图

6°分带法：从格林尼治天文台0°经线起，自西向东按经差每6°为一投影带，全球共分为60个投影带。每带依次以自然数1，2，…，60编号，即从东经0°～6°为第1带，中央经线经度为 3°；6°~12° 为第 2 带，其中央经线经度为 9°；依次类推。各投影带的带号 n 与其中央经线经度 L_0 满足 $L_0=6n-3$ 的关系。我国位于东经 72°~113°，共包括 11 个投影带，即 13~23 带，各带的中央经线分别为 75°、81°、…、135°。

　　3° 分带法：从东经 1°30′ 起算，每隔 3° 为一个投影带，即东经 1°30′~4°30′ 为第 1 带，其中央经线为 3°；4°30′~7°30′ 为第 2 带，其中央经线为 6°；依次类推，全球分为 120 个带。3° 带的带号 n' 与其中央经线 L_0 满足 $L_0=3n'$ 的关系。我国位于 24~46 带，各带的中央经线分别为 72°、75°、78°、…、135°。

　　高斯-克吕格投影是以中央经线投影为纵轴 X，赤道投影为横轴 Y，其交点为原点而建立平面直角坐标系的。因此，X 坐标在赤道以北为正，以南为负。Y 坐标在中央经线以东为正，以西为负。我国位于北半球，故 X 坐标恒为正，但 Y 坐标有正有负。为了使用方便，避免 Y 坐标出现负值，规定将投影带的坐标纵轴西移 500km（图 2.22）。因此，移轴后的横坐标值应为 $Y=y+500000$（m）。

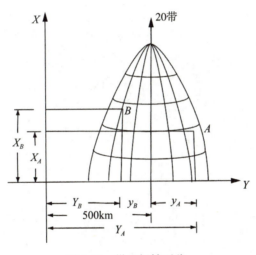

图 2.22　纵坐标轴西移

　　由于高斯投影采用了分带方法，因此高斯投影各带的投影坐标完全相同，某一坐标值 $(Y，X)$，在每一投影带中均有一个，在全球则有 60 个同样的坐标值，不能确切表示该点的位置。因此，通常会在高斯投影横坐标值前冠以带号，以准确定位点的位置。因此，在我国，若高斯投影横坐标整数位为 8 位，则前 2 位就是高斯投影带的带号。

2. 中国全图常用投影

　　中国全图常用的地图投影有正轴等积割圆锥投影、正轴等角割圆锥投影和斜轴等积方位投影等。根据它们的投影特征及其变形规律，可将它们分别用于编制不同内容的地图。

　　（1）正轴等积割圆锥投影

　　正轴等积割圆锥投影无面积变形，常用于行政区划图及其他要求无面积变形的地图，如土地利用图、土地资源图、土壤图、森林分布图等。中国地图出版社出版的中国全国和各省、自治区或大区的行政区划图，都采用这种投影。

（2）正轴等角割圆锥投影

正轴等角割圆锥投影保持了角度无变形的特性，常用于我国的地势图和各种气象图、气候图，以及各省、自治区或大区的地势图。

（3）斜轴等积方位投影

我国编制的将南海诸岛包括在内的中国全图以及亚洲图或半球图，常采用斜轴等积方位投影。

任务 2.4　设置地图坐标系及投影变换

技能点 2.4.1　查看和定义地图数据坐标系

【实训目的】

微课：查看和定义
地图数据坐标系

✓ 了解 GeoScene Pro 软件中的坐标系，能够通过 GeoScene Pro 软件查阅地图数据的坐标系，并对有正确坐标的地图数据定义坐标系。

【实训准备】

✓ 软件准备：GeoScene Pro 4.0。

✓ 数据准备：Data. gdb。

实验数据：查看
和定义地图数据
坐标系

✓ 实训内容：使用 GeoScene Pro 查看地图数据的坐标系，并对有正确坐标的地图数据定义坐标系。

【实训过程】

1. 加载数据

①打开 GeoScene Pro 4.0 软件，新建一个空白地图文档工程，将其命名为"查看和定义数据坐标系"。

②加载实验数据。将"Data. gdb"数据库中的"Data_有坐标系"加载到地图窗口中。

2. 查看数据坐标系

①在目录窗口中，在数据"Data_有坐标系"处单击右键，在弹出的快捷菜单中单击【属性】，弹出要素类属性对话框，选择该对话框中的【源】—【空间参考】，可以查阅数据的坐标系统信息。(图 2.23)

②将数据添加至地图窗口中，在左侧内容窗口中的图层上，右键单击数据，在弹出的快捷菜单中单击【属性】，弹出要素类属性对话框，选择该对话框中的【源】—【空间参考】，可以查阅数据的坐标系统信息。

该数据的坐标系为地理坐标系，具体为 China Geodetic Coordinate System 2000 坐标系，基准面为 D China 2000，椭球体为 CGCS2000。

3. 定义数据坐标系

①查阅数据坐标系。在目录窗口中，在数据"Data_无坐标系"上单击右键，在弹出的快捷菜单中单击【属性】，弹出要素类属性对话框，选择该对话框中的【源】—【空间参

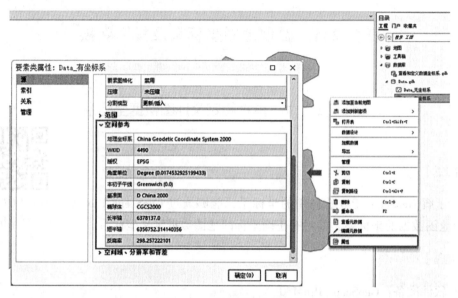

图 2.23　查看数据坐标系

考】，发现数据为"未知坐标系"。(已知该数据的坐标系为 CGCS2000 3 Degree GK CM 117E。)

②通过定义投影工具给数据定义坐标系。在工具箱中搜索定义投影工具，设定坐标系为【投影坐标系】—【Gauss Kruger】—【CGCS2000】—【CGCS2000 3 Degree GK CM 117E】，如图 2.24 所示。

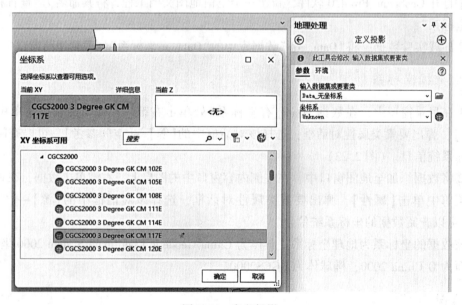

图 2.24　定义投影

技能点 2.4.2　地图数据投影变换

微课：地图
数据投影变换

【实训目的】

✓ 通过 GeoScene Pro 对地图数据进行坐标系和投影变换，包括同一基准面的不同投影之间的变换，以及不同基准面的坐标系变换。

【实训准备】

✓ 软件准备：GeoScene Pro 4.0。

✓ 数据准备：Data.gdb。

✓ 实训内容：能够根据实际需求，使用 GeoScene Pro 进行地图数据的坐标系和投影变换。

实验数据：地图
数据投影变换

【实训过程】

1. 加载数据

①打开 GeoScene Pro 4.0 软件，新建一个空白地图文档工程，命名为"投影变换"。

②加载实训数据。将"Data.gdb"数据库中的"Data"加载到地图窗口中。

2. 同一基准面的投影变换

①查看数据原有坐标系。"Data"数据的原有坐标系为：地理坐标系 China Geodetic Coordinate System 2000。

②将数据投影变换成投影坐标系，投影为：高斯-克吕格投影，6°分带，19 带。打开工具箱，搜索"投影"，打开投影工具，设置如图 2.25 所示，单击【运行】。

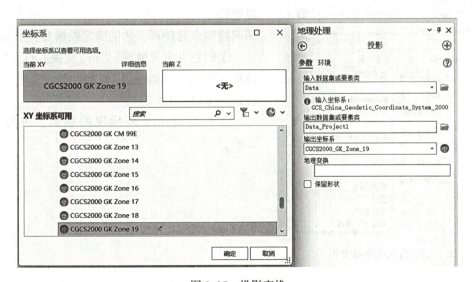

图 2.25　投影变换

③查阅投影变换后的数据坐标系，如图2.26所示。

图2.26　投影变换后的数据坐标系

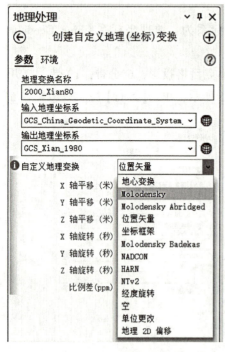

图2.27　自定义坐标变换

3. 不同基准面的投影变换

　　不同基准面的投影变换过程相对复杂，需要进行
精确控制点的计算，才能确定投影变换参数。

　　①创建自定义地理(坐标)变换。打开"创建自定义地理(坐标)变换"界面，设置要进行坐标转换的参数(图2.27)。

　　②利用自定义坐标变换模型，进行投影变换。

【思政小讲堂】

规范使用地图　一点都不能错

国家版图体现了国家主权意志和在国际社会中的政治、外交立场，具有严肃的政治性、严密的科学性和严格的法定性。近年来，一些图书、期刊、影视作品、网站中出现了危害国家主权统一、领土完整、安全和发展利益的情况，严重伤害了人民的爱国情感。我们必须牢记，地图无小事，要拒绝错误的地图，中国地图一点都不能错。

那么，什么是问题地图呢？

问题1：错绘。错绘我国界线，重点表现在错绘藏南地区和阿克赛钦地区边界线。

问题2：漏绘：漏绘钓鱼岛和赤尾屿、南海诸岛甚至台湾岛等。

问题3：无地图审核号。凡是向社会公开的地图，应当报送有审核权的测绘地理信息行政主管部门审核，并在版权页或者适当位置标示审图号。

二维动画：规范使用地图　一点都不能错

问题4：泄密。标注测绘成果资料、军事禁区，登载敏感甚至涉密地理信息等。

规范使用地图，一点都不能错。

📝 思考题

1. 为什么要建立椭球体？

2. 参心坐标系和地心经纬度有什么区别？

3. 地图投影的主要方法有哪些？

4. 地图投影的一般方程是什么？地图投影的实质是什么？

5. 地图投影的变形有哪些？

6. 我国常用的投影有哪些？

7. 分析等角正圆锥投影在百万分之一地形图中的应用情况。

8. 简要分析高斯-克吕格投影的变形分布规律及其在地形图中应用的有关规定。

项目 3　地图符号设计及应用

项目概述

　　地图符号是地图的语言，是一种图形语言，它是表示地图内容的基本手段，由形状不同、大小不一、色彩有别的图形和文字组成。地图符号不仅具有确定客观事物空间位置、分布特点以及质量特征和数量特征的基本功能，而且还具有相互联系和共同表达地理环境诸要素总体特征的特殊功能。本项目主要介绍两个方面的内容：一是地图语言系统，包括地图符号、色彩、注记三个方面；二是使用 GeoScene Pro 软件，根据制图需要设计和制作点、线、面符号。

学习目标

≫ 知识目标 ≪

✓ 理解什么是地图符号。
✓ 了解地图符号的不同分类。
✓ 理解什么是地图色彩。
✓ 了解地图色彩的应用。
✓ 了解地图注记及其使用方法。

≫ 技能目标 ≪

✓ 熟练使用 GeoScene Pro 软件设计制作点符号。
✓ 熟练使用 GeoScene Pro 软件设计制作线符号。
✓ 熟练使用 GeoScene Pro 软件设计制作填充符号。

≫ 素养目标 ≪

✓ 掌握数据可视化的科学性与美观性的融合方法，提升地图的专业表现力。
✓ 培养对数据可视化与地图制图的精细化处理能力，追求严谨与创新的平衡。

任务 3.1　认识地图符号

知识点 3.1.1　地图符号的概念及特点

1. 地图符号的概念

微课：地图符号

地图符号是表示地图内容的基本手段，由形状不同、大小不一、色彩有别的图形和文字组成，不仅能表示事物的空间位置、形状、质量和数量特征，还可以表示各事物之间的相互联系及区域总体特征。地图符号是地图的语言，通过地图符号，我们可以读懂地理要素的空间分布特征及相互之间的区域关联。(图 3.1)

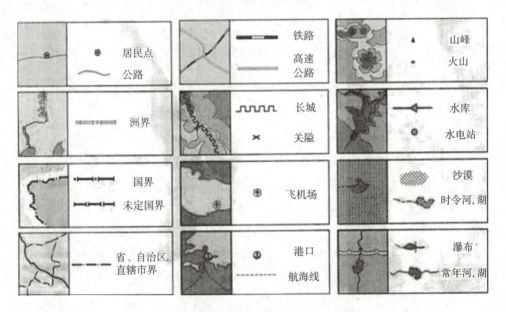

图 3.1　不同地理要素符号

2. 地图符号的特点

地图符号的形成过程可以说是一个约定俗成的过程，经过长时间的使用、检验，人们在认识中形成了一种约定俗成的共识，某一类地物由统一的地图符号进行表达，进而再广泛推广，逐步形成了地图符号库。至今，人们根据现实需要，仍然在不断完善地图符号库。

地图符号具有以下特点：

①约定性。地图符号是经过长期使用、检验而被人们熟悉、认可的，因此具有约定性。

②变化性。随着地理要素类型的不断变化，人们在地图制图过程中对不同地理要素进行表达时，为了增强地图的可读性，会设计出不同的符号对某类地理要素进行表示。

③抽象性。地图符号在表示地理要素时，不是对地物进行复制表达，而是依据地物的主要特征，对其进行抽象描述。这样，既增强了地图制图的表现力，也有利于人们对地图的判读。

④准确性。地图符号具有普遍性和约定性，因此，在使用的过程中，要确保其准确无误。具体表现在：地理要素的性质、数量、质量、等级及逻辑等改变的表达。

⑤简明性。地图符号在表达地理要素时，由于受到地图比例尺、制图内容、视觉感受等因素的限制，有时需要高度概括地物特征后将其表达在地图上，因此，地图符号在设计时要简洁明确，使读图者即使在众多繁杂的地理要素中，也能清晰可辨每一类地物。

知识点 3.1.2　地图符号的分类

微课：地图
符号分类

随着对地图应用需求的提高以及图形图像技术的发展，地图制图的表现形式越来越丰富，地图符号的种类也越来越多。根据地图制图中地理要素的不同表达形式，地图符号大致按以下三种方式进行分类：

1. 按照符号所表示的地理要素的分布状况分类

依据客观事物的分布状况，地图符号可分为二维点符号、二维线符号、二维面符号和三维符号。

1) 二维点符号

点符号是一种表达不能依比例尺变化的小面积事物，如高程点、城堡等抽象成点状符号的地物。点符号的形状和颜色表示事物的性质，大小通常反映事物的等级或数量特征，但是符号的大小及形状与地图比例尺无关，只有定位的意义。

2) 二维线符号

线符号是一种呈线状或带状延伸分布事物的符号，如河流、公路等，其长度按比例尺表示，而宽度一般不能按照比例尺表示，所以可对其长度进行量测，而不能计算面积。线符号的形状和颜色表示事物的质量特征，其宽度往往反映事物的等级或数值。

3) 二维面符号

面符号是一种能按地图比例尺表示出事物分布范围的符号。面符号用轮廓线表示事物的分布范围，轮廓线内部的图形符号或颜色表示性质和数量，并可以从图上测量其长度、宽度和面积。

4) 三维符号

三维符号是随着计算机技术的发展，人们对 GIS 数据应用真实化的需求而发展起来的。三维地图能够带给用图者身临其境的感觉，体验感好，使用更为便利，如图 3.2 所示。

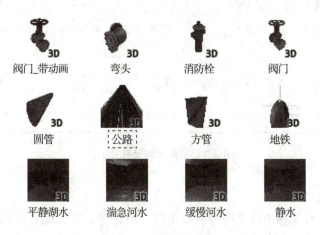

图 3.2　三维符号示例

随着技术的发展，还出现了一些特殊的三维符号，也称为粒子符号。粒子符号可模拟火焰、烟花、雨雪、喷泉、樱花雨等效果，如图 3.3 所示，广泛用于气象模拟、应急演练和安全防护等类型的项目。

图 3.3 彩图

| 火焰 | 烟花 | 雨雪 | 喷泉 | 樱花雨 |

图 3.3 粒子符号示例

2. 按照符号与地图比例尺的关系分类

依据符号与地图比例尺的关系，可将地图符号分为不依比例尺符号、半依比例尺符号和依比例尺符号。

1）不依比例尺符号

不依比例尺符号又称为点状符号，是指不按地图比例尺绘制的地图符号，比如井、塔等独立地物，又如小比例尺地图中的居民点、港口、车站等，可以精确测量其位置，但不能确定其形状和大小。（图 3.4）

动物园	法院	房子	飞机场	高尔夫球场
工业园区	公车	公园	购物中心	省市机关
火车站	加油站	检察局	军事	咖啡馆

图 3.4 不依比例尺符号示例

2）半依比例尺符号

半依比例尺符号又称为线状符号，如道路、河流等，其长度是按地图比例尺绘制的，而宽度一般是放大的。（图 3.5）

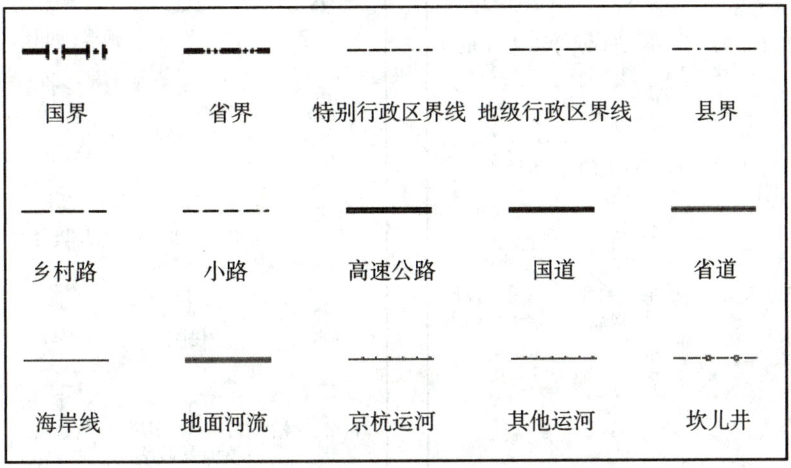

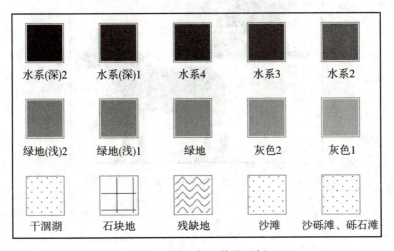

图 3.5　半依比例尺符号示例

3) 依比例尺符号

依比例尺符号又称为面状符号，如森林、湖泊等面积较大的地物，其轮廓范围是按照地图比例尺绘制的，可计算其长度、宽度、面积等数值。(图 3.6)

图 3.6　依比例尺符号示例

3. 按照符号与地理要素的综合概括程度分类

根据地图符号对地理要素的综合概括程度，地图符号可分为几何符号(图 3.7)、象形符号(图 3.8)和真形符号(图 3.9)。

图 3.7　几何符号示例　　　　　　　　　　　图 3.8　象形符号示例

图 3.9　真形符号示例

知识点 3.1.3　地图色彩的概念及应用

　　自然界的绚丽多彩，给了我们美的感受；四季的轮回、时间的更迭更是造就了自然界每时每刻无与伦比的美景。如何将这些绚丽的景色以及各类地物绘制在地图上，保留景色的美，就需要我们学习地图色彩的相关知识。运用不同色彩绘制地图，既可以增强地图的艺术性，提高地图的表现力，还可以激发读者的阅读兴趣。地图色彩是地图设计和制作过程中的重要因素。

微课：地图色彩

1. 地图色彩的概念

　　地图色彩作为地图语言的重要内容，主要运用色相、亮度和饱和度的不同变化，同时结合人们对色彩感受的心理特征，建立起色彩与制图对象之间的联系。色彩可分为无彩色和有彩色两大类。无彩色比如黑、白、灰；而有彩色是指红、黄、蓝等。图 3.10 展示了四个季节主题颜色风格渲染下的城市地图，它们给读者的感受是不同的。

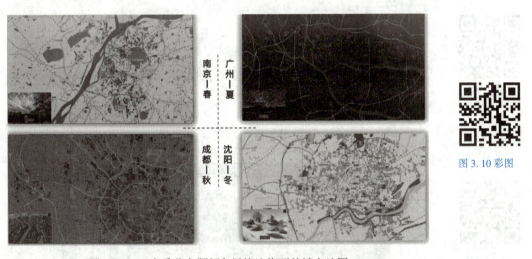

图 3.10 彩图

图 3.10　四个季节主题颜色风格渲染下的城市地图

　　色彩的三个属性分别是色相、明度和纯度，图 3.11 是色彩三属性的对比图。

　　色相：又称色别，是指色彩的类别，如红、黄、蓝、绿、青、橙、紫等。地图上用不同的色相来表示不同类别的地物。如图 3.12 所示，可以用不同色相来表达不同地物，绿色区域是植被，蓝色区域是水系，灰色区域是居民地。

　　明度：又称亮度，是指色彩本身的明暗程度。地图上用不同亮度来表现对象的数量或质量间的差异，例如用蓝色深浅来表示海底深度的变化。图 3.13 是明度对比图。

　　纯度：又称饱和度，是指色彩接近标准色的纯净程度，纯度越高，色彩越亮。图 3.14 是纯度对比图。

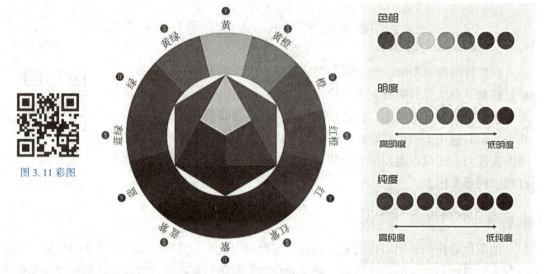

图 3.11 彩图

图 3.11　色彩三属性

图 3.12 彩图

图 3.12　不同色相的地物

图 3.13 彩图

图 3.13　明度对比图

图 3.14 彩图

图 3.14　纯度对比图

2. 地图色彩的应用

绚丽多彩的颜色组成不同的色彩，给人带来感官上和心理上美的体验。色彩的应用主要分为以下两个方面：

1）色彩心理因素应用

（1）色彩冷暖感的应用

色彩的冷暖感应用，就是通常所讲的冷色调及暖色调。不同的色彩给人以不同的温度感和膨胀感。暖色系具有膨胀感，一般选波长较长的色系进行表达，比如红、橙、黄。冷色系具有收缩感，一般选波长较短的色系进行表达，比如紫、蓝、绿。还有一些中间色系，比如黑、白、灰。

（2）色彩前进感与后退感的应用

色彩前进感与后退感的应用主要表现在：亮度大的色彩有较强的前进感，亮度小的色彩有较强的后退感；暖色系表现前进感，冷色系表现后退感；饱和度高的色彩前进感强，饱和度低的色彩后退感强。

2）色彩的象征性应用

色彩还具有一定象征性，比如红色、橙色象征太阳、温暖、兴旺发达等，在地图中常用来表示干旱、温度高、经济增长、人口密集、地势高等；而红色、橙色同时也象征危险、灾害和恐怖，在地图中也用来表示战争、恐怖袭击等。蓝色容易使人联想到天空、海洋、湖泊、严寒等事物或现象，与此对应，在地图上经常表示温度低、降水足等现象。绿色象征植被、舒适，是地图中常用的一个颜色，表示农业、林业、旅游业、疗养业等。因此，在地图设计中，要遵循这样的基本规则。图 3.15 为某一区域的 DEM 图，其中绿色表示地势较低区域。

微课：色彩应用

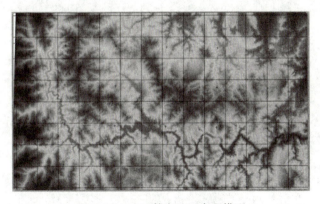

图 3.15 彩图

图 3.15 DEM 数字地面高程模型

紫色是眼睛知觉度最低的颜色，象征高贵、优雅、不安等。紫色在地图中使用的频率较低，可以用较浅的紫色表示道路，或者在暗色系地图中表示一些专题要素。图 3.16 是某地区中学分布网格图，紫色表示零散分布。

图 3.16 彩图

图 3.16　某地区中学分布网格图

知识点 3.1.4　地 图 注 记

地图上的文字和数字统称为地图注记，它是地图内容的重要组成部分。注记并不是自然界中的地理要素，而是地图符号的一种表达形式，主要与地图中所表示的地理事物相关，用于表示地图中地理要素的名称、质量或数量等特征，对地图修饰起到辅助作用。

微课：地图注记

地图注记可分为名称注记、说明注记和数字注记三种。

①名称注记：说明各种地理事物的名称，比如居民点、省市名称等。

②说明注记：用于说明地理事物的种类、数量和质量等特征，用来补充图形符号的不足，常用简注表示。

③数字注记：用来说明某些地理事物的数量特征，比如高程、距离等。

了解了地图注记的概念及作用后，在地图修饰中，如何排列地图注记，使地图整体布局合理，便于阅读，是地图制图中的一个重要学习内容。

首先，点状要素的注记配置。通常点状要素的注记多用水平字列无间隔排列，放置在点要素的上方、下方、右上、右下，尽量不放置左方。

其次，线状要素的注记配置。地图上的线状要素与点状要素注记配置不同，线状要素注记多用雁形字列或屈曲字列，与符号平行或沿其轴线配置。如果线状要素很长，应重复注记。

最后，面状要素的注记配置。面状要素注记应配置在相应的地物轮廓内，沿轮廓的主轴线配置，用雁形字列或屈曲字列。

任务 3.2 设计与制作地图符号

技能点 3.2.1 点符号设计与制作

微课：点符号
设计与制作

实验数据：点符
号设计与制作

【实训目的】

✓ 利用 GeoScene Pro 软件设计和制作二维点符号。

【实训准备】

✓ 软件准备：GeoScene Pro 4.0。

✓ 数据准备：问询 .svg、广州地铁 .png 等地铁图片（来源：https：//www. iconfont. cn/）。

✓ 实训内容：熟悉 GeoScene Pro 4.0 软件的点符号样式制作功能，并通过图片制作点符号。

【实训过程】

1. 点符号设计

（1）新建样式

启动 GeoScene Pro，新建地图工程，将工程命名为"点符号制作"。在目录窗口中右击【样式】，在弹出的快捷菜单中选择【新建】—【新建样式】，名称为 demo，然后右击 demo，在弹出的快捷菜单中选择【管理样式】。（图 3.17）

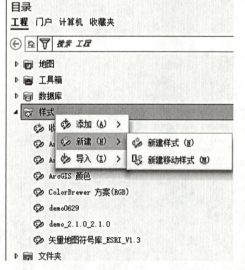

图 3.17 新建样式

本次实训要制作的点符号如图 3.18 所示，整个图形由两部分构成：外部的圆形和内部的叹号。

图 3.18　问讯处图片

（2）制作点符号

在功能区的【管理】菜单下点击【新建】下拉按钮，选择【点状符号】，如图 3.19 所示。

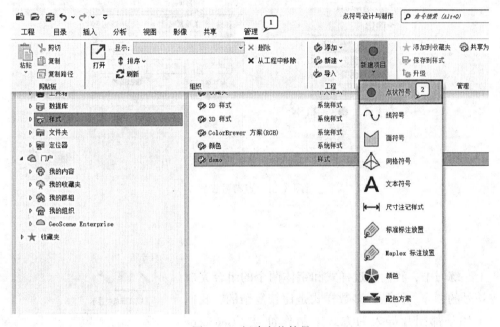

图 3.19　新建点状符号

在"样式类"中看到【点符号(1)】，点击"打开样式类"，设置【名称】为"问讯处"，点击【应用】，然后切换到底部的【属性】选项，如图 3.20 所示。

图 3.20　新建点符号

标记图层是点符号的统称。点击"点符号"选项卡中的 ✏️ 工具,【添加符号图层】—【标记图层】,切换到图层 ⬙,这样就会有两个标记图层。设置第一个形状标记,【字体】—【宋体】,选择"!";设置第二个形状标记,【样式】—【圆形 2】,单击【应用】,即可查看实际效果。(图 3.21)

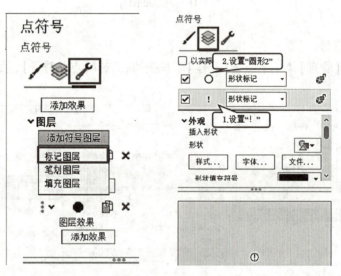

图 3.21　点符号设置

2. 图片导入制作点符号

上一练习中,我们通过样式和字体两个的组合完成了点符号的制作。但是大多数样式是比较复杂的,我们可以采用外部图片导入的方式来制作符号,GeoScene Pro 支持导入外部图片作为符号样式。

在功能区的【管理】菜单下,单击【新建】下拉按钮,选择【点状符号】,就会在"样式类"中看到【点符号(2)】,单击"打开样式类",设置【名称】为"广州地铁",点击【应用】。然后切换到底部的【属性】选项,切换到 ⬙ 图层工具,点击【文件】,选择素材中的"广州地铁.svg"文件,点击【应用】即可。(图 3.22)

将 point.shp 添加到地图中,然后设置之前制作的符号,查看制作效果,如图 3.23 所示。

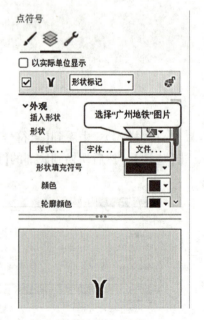

图 3.22　图片符号制作

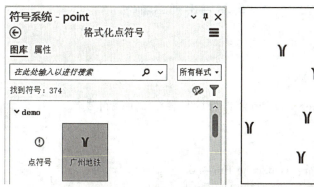
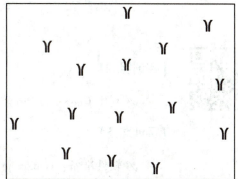

图 3.23 图片符号制作及符号化效果

【实训反思】

(1)矿产资源点位符号若存在压盖，是否需要处理，能否移位？

(2)能否在一幅图的基础上，用不同的符号尺寸表示不同的矿产资源规模？

技能点3.2.2　线符号设计与制作

【实训目的】

　✓ 利用 GeoScene Pro 软件设计和制作二维线符号。

【实训准备】

　✓ 软件准备：GeoScene Pro 4.0。
　✓ 数据准备：线符号设计与制作.gdb。
　✓ 实训内容：熟悉线符号编辑器的功能，制作"水系渐变线"线符号和"铁路"线符号。

【实训过程】

1. 制作河流线符号

制作要求：河流从上游到下游依次渐变，效果如图3.24所示。

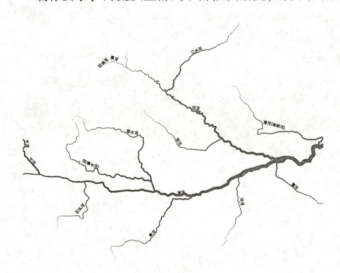

图3.24　河流渐变效果

（1）启动 GeoScene Pro 添加数据

启动 GeoScene Pro，新建工程，将工程命名为"线状符号制作"，添加"线状符号制作.gdb"中的河流到地图中，打开属性表可以看到河流名称和长度信息。

（2）河流符号化

在内容窗口中右击"河流"，在弹出的快捷菜单中选择【符号系统】，单击【符号】，在格式化线符号中，切换到【属性】选项卡，单击【结构】工具按钮，单击【添加符号图层】，选择【填充符号】。（图3.25）

图 3.25　打开线状符号设置窗口

在格式化线符号窗口中的面图层下，单击【添加效果】，选择【锥状面】；然后将线图层删除，封闭面效果也删除，只保留锥状面效果，单击【应用】，如图 3.26 所示。

在格式化线符号窗口中，切换到【图层】选项，【外观】—【颜色】为蓝色，如果直接设置锥状面效果的话，如【起始宽度】为 1pt，【终止宽度】为 4pt，则效果不及预期。因为河流的宽度原则上与河流的流量有关，长度在一定程度上也决定了流量，所以可以尝试引入河流长度。（图 3.27）

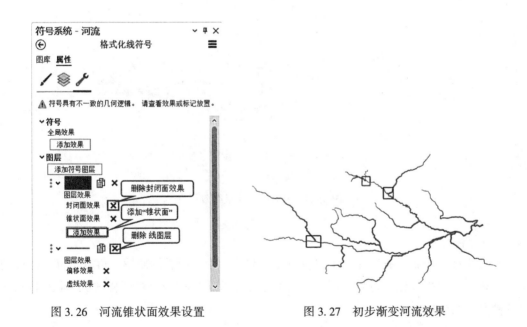

图 3.26　河流锥状面效果设置　　　图 3.27　初步渐变河流效果

点击格式化线符号窗口右上角的，选择【符号属性连接】，点击【终止宽度】后面的按钮，在【设置属性映射】窗口中点击，设置【表达式】为 $ feature. 长度/40（表达式中的" $ feature. 长度"是通过双击长度字段来输入的），最后点击【确定】即可。（图 3.28）

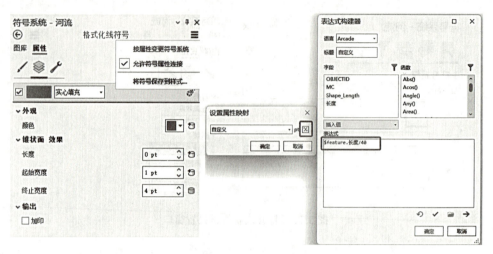

图 3.28　设定河流宽度

还可以对河流进行标注，方法是：右击河流，在弹出的快捷菜单中选择【标注】，在功能区标注中设置【标注字段】为 MC，并设置合适的字体和大小，效果如图 3.29 所示。

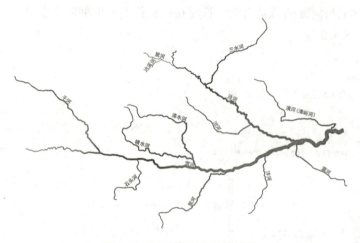

图 3.29　河流渐变线最终效果

（3）保存符号

通过上面的步骤，我们完成了河流符号的制作，为方便后续使用，可以将符号保存到收藏夹中。点击格式化线符号窗口右上角的 ▤ ，选择【将符号保存到样式】，输入名称和样式路径。（图 3.30）

2. 制作"铁路"线符号

制作参数如下：

- 子线 1（上层）：

线型：短横线；虚实模式：实部 4mm，虚部 4mm；线宽：0.4mm；颜色：白色；端

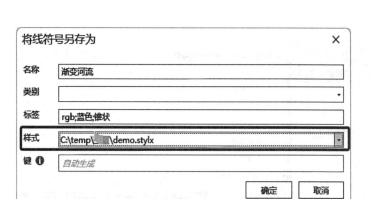

图 3.30　保存自定义线符号

头样式：平头。

● 子线 2(下层)：

线型：短横线；虚实模式：实部 4mm，无虚部；线宽：0.9mm；颜色：灰色；端头样式：平头。

效果如图 3.31 所示。

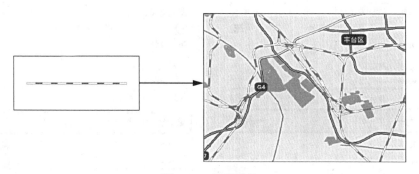

图 3.31　铁路符号

(1)设置制图单位

GeoScene Pro 默认的制图单位为磅(pt)，这里按照要求需要设置单位为 mm，因此需要进行单位切换。打开 GeoScene Pro，打开之前的线状符号制作工程，添加线符号设计与制作.gdb 中的铁路图层，点击功能区的【工程】菜单，选择【选项】—【单位】，设置【2D 符号显示单位】为毫米，如图 3.32 所示。

(2)符号化铁路图层

在内容窗口中右击铁路图层，在弹出的快捷菜单中选择【符号系统】，点击符号，在格式化线符号中切换到【属性】选项卡—【结构】，点击【添加符号图层】，选择【笔划图层】，默认会添加偏移和虚线效果。在格式化线符号窗口中，切换到【图层】选项，点击第一个单色笔划，设置【颜色】为白色，【宽度】为 0.4mm，【虚线类型】为虚线，【虚线模板】为"4　4"(中间有空格)，【端头类型】为平端头，如图 3.33(a)所示；点击第二个单

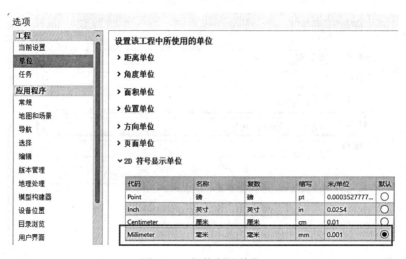

图 3.32　切换制图单位

色笔划，设置【颜色】为灰色，【宽度】为 0.9mm，【端头类型】为平端头，如图 3.33(b)所示；最后点击【应用】，结果如图 3.34 所示。

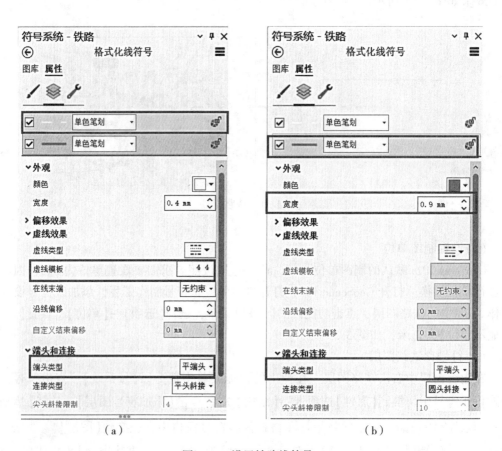

图 3.33　设置铁路线符号

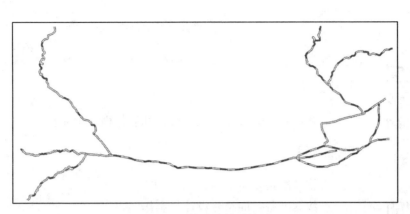

图 3.34 铁路线符号结果

（3）保存铁路符号

通过上面的步骤，我们完成了铁路符号的制作，为方便后续使用，可以将符号保存到收藏夹中，点击格式化线符号窗口右上角的▤，选择【将符号保存到样式】，输入名称和样式路径。

技能点 3.2.3　面状填充符号设计与制作

微课：面状填充
符号设计与制作

实验数据：面状填
充符号设计与制作

【实训目的】

✓ 利用 GeoScene Pro 软件设计和制作面状填充符号。

【实训准备】

✓ 软件准备：GeoScene Pro 4.0。
✓ 数据准备：面符号设计与制作.gdb。
✓ 实训内容：熟悉填充符号编辑器的功能，制作"旱地"填充符号。

【实训过程】

本实训制作"旱地"填充符号。

制作要求：根据图 3.35 标注的填充规格，制作"旱地"填充符号，RGB(87，192，255)。

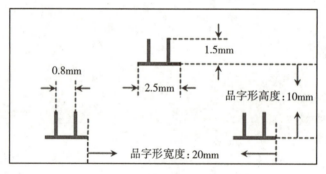

图 3.35　旱地符号示意图

①启动 GeoScene Pro，添加实训数据。

②旱地符号是由特殊字符构成的，按照一定的规则进行分布，这种特殊的字符有多种来源，比如字体、图片等。本次练习中，我们使用字体的方式来制作旱地符号。

③在内容窗口中点击"面"图层，右击，在弹出的快捷菜单中选择【符号系统】，默认是单一符号，点击下方的符号，在弹出的格式化面符号窗口的图库中选择一个类似布局的符号，比如果园或苗圃，切换到属性选项卡中的图层，可以看到符号由三部分构成，分别是单色笔划、形状标记、实心填充。因为旱地的背景是白色，因此只需要设置单色笔划、形状标记两个符号图层。（图 3.36）

④设置面状符号的边界轮廓，方法是将单色笔划设置为灰色 60%，点击应用。接着，设置填充的形状标记，选择字体 Yjd Symbols Ant，找到对应的形状，点击确定。设置形状标记的颜色为 RGB(87，192，255)，大小为 2.5pt；设置标记放置"X 步长"为 20pt，"Y 步长"为 10pt，勾选"平移奇数行"，"偏移 X"为 10pt，点击应用。（图 3.37）

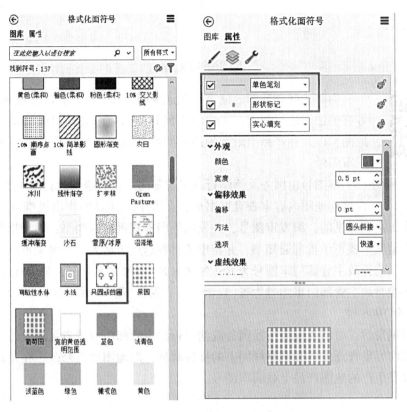

图 3.36　格式化面符号设置面板

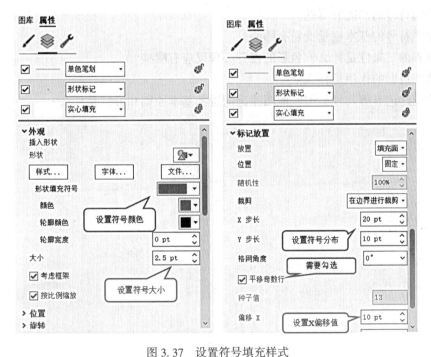

图 3.37　设置符号填充样式

【思政小讲堂】

地图审核管理

二维动画：地图审核管理

为防止问题地图的危害，保证地图质量，《中华人民共和国测绘法》等有关法律法规规定，在中华人民共和国境内公开出版的地图、引进的地图，以及在产品上附加的地图图形都需要经过审核，审核通过之后编发审图号。

审图号由国务院测绘行政主管部门或者省级测绘行政主管部门编发，自接到地图内容审查意见书后，在 5 个工作日内作出批准或者不予批准的决定。作出决定意见的，编发审图号，并发出地图审核批准通知书；不予批准的，说明原因，发出地图审核不予批准通知书，并将申请材料退还申请人，不编发审图号。

国务院测绘行政主管部门审图号为 GS(××××年)××××号，如 GS(2021 年)001 号。省级测绘行政主管部门审图号为省(自治区、直辖市)简称(××××年)××××号，如粤(2023 年)006 号。

审图号编发后，申请人应当按照国务院测绘行政主管部门或者省级测绘行政主管部门出具的地图内容审查意见书和试制样图上的批注意见，对地图进行修改。在正式出版、展示、登载以及生产的地图产品上载明审图号。

思考题

1. 地图符号与一般符号相比，有何特点？
2. 地图符号的功能有哪些？
3. 地图符号的基本视觉变量有哪些？
4. 色彩的三属性是什么？色彩的视觉心理反应有哪些？
5. 地图色彩的作用是什么？
6. 地图注记有哪几种类型？地图注记配置的基本原则和方法是什么？

项目 4　二维专题地图制作及应用

✍ **项目概述**

　　专题地图可以突出且较完备地表示一种或几种自然或社会经济现象，主要由地理底图和专题内容构成。本项目将理论和实践相结合，认识专题地图的基本特征、类型和内容，掌握表示专题要素的方法，并使用所学的方法，结合实际应用进行专题地图的设计和制作。

✍ **学习目标**

≫ 知识目标 ≪

✓ 理解专题地图表示方法的种类和特征。
✓ 分析不同专题要素表示方法的应用情境。
✓ 掌握专题地图编制的一般过程。

≫ 技能目标 ≪

✓ 熟练使用 GeoScene Pro 软件，应用定点符号法设计和制作矿产资源分布图。
✓ 熟练使用 GeoScene Pro 软件，应用线状符号法设计和制作交通路线图。
✓ 熟练使用 GeoScene Pro 软件，应用质底法设计和制作生态环境质量图。
✓ 熟练使用 GeoScene Pro 软件，应用范围法设计和制作地质灾害易发程度分区图。
✓ 熟练使用 GeoScene Pro 软件，应用等值线法设计和制作土壤磁化率空间分布图。
✓ 熟练使用 GeoScene Pro 软件，应用点数法和等值区域法设计和制作人口空间分布图。
✓ 熟练使用 GeoScene Pro 软件，应用分区统计图表法设计和制作产业结构分布图。

≫ 素养目标 ≪

✓ 能够处理好专题地图科学性和艺术性表达的辩证关系。
✓ 具备专题要素表达的创新能力。
✓ 能够在制图过程中更加了解我国经济、政治、资源、环境、文化等方面的国情，增强民族自豪感和责任感。

任务 4.1　了解专题地图

知识点 4.1.1　专题地图的定义与特征

微课：专题地图
概述

1.专题地图的定义

专题地图是指突出而较完备地表示一种或几种自然或社会经济现象，从而使地图内容专门化的地图，如地势图、交通图、人口密度图等。

专题地图由地理底图和专题内容构成。其中，地理底图包含普通地图的内容，用以指示制图区域专题内容的地理位置及其与地理环境的关系。专题内容是专题地图表示的主体，是地理底图上没有的内容，是空间分布的各种自然和社会经济要素，有过去的、将来的，空中的、地下的，静态的、动态的，有形的、无形的，可量测的、不可量测的等多种形式。但凡具有空间属性的信息数据，都可以用专题地图来表示。

专题地图不同于普通地图，其内容和形式多种多样，它侧重于表示某一方面的内容，着重表示特定要素和现象的地理分布及各方面特征，如距离、规模、定位、质量和数量等，具有确定的使用对象和很强的使用目的。因此，它能满足科学研究、国民经济和国防建设等方面的各种专门用途的要求。

2.专题地图的分类及特征

专题地图虽以表示各种专题现象为主，但也能表示普通地图上的某一个要素，如水系、交通网等。因此，所表示的内容十分广泛：既能表示自然地理现象（如气温），又能表示社会经济或人文地理现象（如旅游资源）；既能表示各种具体、有形的现象（如企事业单位分布），又能表示抽象、无形的现象（如气压分布）；既可表示空间状况（如农作物、矿产的分布），又可反映现象在特定时刻的分布状况（如统计到某日期的人口数、某个时段的气温平均值）；既可表示静态的现象（如城市的外贸总量），也可反映动态变化（如人口增长、我国某港口至世界各地的贸易量）；既可反映历史事件（如 500 年来我国洪涝灾害的分布），又可预测未来变化（如海岸线沉降变幅的预测）。

1）专题地图的分类

由于专题地图的种类繁多，用途广泛，涉及的专业也很多，因此，专题要素的内容十分丰富。可以说，专题地图可以表示出所有与地理有关的现象或研究成果的空间分布及其发展变化规律。为了有效地选择表示方法，寻找专题地图设计规律，需要研究专题要素按空间分布特征的分类。

（1）呈点状分布的专题要素

呈点状分布的专题要素通常采用定点符号法。点状分布的专题要素包括精确定位的点状分布要素和不精确定位的点状分布要素。

①精确定位的点状分布要素，如居民地、石油井、变电所、塔、矿井等具有确切定位坐标的地物。

②不精确定位的点状分布要素，如代表某一地区或区域特征的观测点位或中心点位，如气象站、环境监测站等。

（2）呈线状分布的专题要素

呈线状分布的专题要素通常采用线状符号法、动线法。

①确定的线状分布要素，如道路、河流、岸线、境界线等线状地物。

②模糊的路径分布要素，如台风、寒潮等自然现象路径轨迹，以及人口迁移、进出口贸易等社会经济现象路径轨迹。

（3）呈面状分布的专题要素

呈面状分布的专题要素通常采用质底法、范围法、等值线法、点数法、等值区域法和分区统计图表法。

①零星面状分布要素，如小比例尺地图上矿藏分布、沙漠地区绿洲分布、高原上山间的耕地等。

②断续面状分布要素，如旱地、水田、森林、草场等分布要素。

③统计面状分布要素是指社会经济现象按某区域单元汇总值，如某县市单位人口数、工业总产值等。

（4）呈体状分布的专题要素

呈体状分布的专题要素主要有地形、降水、气温等自然要素，它们在空间上呈连续分布的状态。

2）专题地图的特征

上述这些专题要素都具有如下特征。

①空间特征。任何自然和人文现象都存在于一定的空间之中，都具有空间位置。有时只需要表示现象的平面位置，而有时还需表示现象的三维空间位置。

②时间特征。事物是会随时间变化的，静态地图通常只表示某一时刻、某一段时间或某些周期性现象的变化情况；动态地图可以表示某些事物或现象随时间发展变化的规律。

③属性特征。属性特征是指专题要素的质量特征和数量特征，如类型、等级等。

专题要素除上述三个基本特征外，还具有空间运动特征以及要素之间互相联系的特征和内部结构特征等。

3. 专题地图的表示特点

与普通地图相比，专题地图呈现出地图内容主体化、主题要素广泛化、地图功能多元化、表达形式多样化、表示内容前瞻化等优势。在表示的内容、表示事物或现象的特征以及采用的符号方面，专题地图具有如下特点。

①反映现象的静态状况和动态状况与发展规律。专题地图不仅可以表示现象的现状、分布规律及其相互联系，而且还能反映现象的动态变化与发展规律，包括运动的轨迹、运动的过程、质和量的增长及发展趋势等，如进出口贸易、人口迁移、经济预测、气候预测等。

②表示现象的定性特征与定量特征。专题地图不仅可以表示现象的定性特征，如质量、类别特征，还可以较好地表示现象的定量特征，如现象的分类、分级、绝对数量的特征等。另外，还可以将数据的各种分析结果符号化，制作出预测地图、空间趋势面分析地图、各种区划地图等定量专题地图。

③采用专门的符号与特殊的表示方法。由于专题地图表示内容的广泛性、多样性和抽象性等特点，不可能像普通地图那样对每一种要素规定专一的符号和表示方法，而是要根据各种要素的空间分布特点、数量及质量特征以及动态发展等情况，专门设计合适的表示方法和特别的符号。专题地图符号和表示方法具有明显的等价变换性。

④图面层次感较强。这是由专题地图的特点决定的。首先，专题要素和地理底图要素不在同一个层次上，底图要素处于较低的图面层次，专题要素处于较高的图面层次。其次，如果表示两个以上专题要素，那么专题要素之间也有主次之分。可以进行地图符号的图形、颜色和尺寸等的变化，使专题要素突出于第一层平面，增强地图的层次感。

专题要素的表示方法是将专题地图中用于表示专题要素及其各方面特征的图形组合方式的分类，即某一种专题要素及其不同方面特征可以用某一种固定的表示方法来表示。根据长期专题地图制图实践，专题要素一般表示方法可归纳为九种：定点符号法、线状符号法、质底法、等值线法、范围法、点值法、动线法、等级符号法、分区统计图表法。

任务 4.2　矿产资源分布示意图设计及制作

知识点 4.2.1　定点符号法专题地图

微课：定点符号
法专题地图

1. 定点符号法的定义

　　定点符号法是用以点定位的点状符号表示呈点状分布的专题要素各方面特征的表示方法。符号的形状、色彩和尺寸等视觉变量可以表示专题要素的分布、内部结构、数量与质量特征。定点符号法是用途较广的表示法之一，如居民点、企业、学校、气象站等多用此法表示。这种表示法能简明而准确地显示出各要素的地理分布和变化状态。

2. 定点符号的设计

　　1）定点符号的形状、色彩设计

　　视觉变量形状、色彩可以用来区分专题要素的质量差别，表示其定性或分类的情况。其中，色彩（指色相）差别比形状差别更明显，特别是在电子地图设计中，色彩尤为重要。表示多重质量差别时，可以用点状符号的色彩表示主要差别，而用其形状表示次要差别。

　　2）定点符号的尺寸、亮度设计

　　点状符号的尺寸大小或图案的亮度变化可以表示专题要素的数量特征和分级特征。在实际设计中，主要利用尺寸这个视觉变量，所以实质上是进行分级点状符号和比率符号的设计。需要注意的是，不能根据比率符号在地图上所占面积来判断专题要素的分布范围。在同一点上相同形状、不同尺寸的符号叠置，可以反映专题要素的发展变化。

技能点4.2.1　矿产资源分布图设计及制作

微课：矿产资源
分布图设计及制作

【实训目的】

✓ 利用 GeoScene Pro 软件，学习定点符号法的实现过程。

【实训准备】

实验数据：矿产资源
分布图设计及制作

✓ 软件准备：GeoScene Pro 4.0 及以上。

✓ 数据准备：地理底图数据(基础要素.gdb、DEM.tif)、矿产资源专题数据(矿产资源.gdb)、符号库(矿产资源符号样式.style)。

✓ 实训内容：基于省域矿产资源数据和符号库，利用定点符号法，制作××省矿产资源分布图。

【实训过程】

1. 数据导入

①原始数据导入。将"地理底图数据"和"矿产资源专题数据"下的数据全部导入界面，调整图层顺序，由上而下分别是点、线、面、栅格图层(图4.1)。

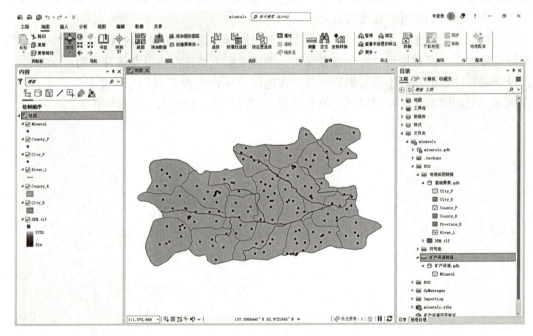

图4.1　添加数据

②符号库导入。在功能区中，点击【插入】—【样式】—【导入】—【矿产资源符号样

式.style】—【打开】—【确定】，随后可在目录窗格(即目录窗口)的样式组中查看已导入的样式。(图4.2)

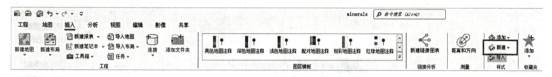

图4.2 导入样式(入口)

可以查看样式中的符号，在目录窗格的样式组中双击"矿产资源符号样式"，随后打开目录视图，并自动选中"矿产资源符号样式"项目，右侧的详细信息面板描述了该样式的信息。在目录窗格中双击"矿产资源符号样式"，随后打开样式项目，列出其包含的所有符号。(图4.3)

图4.3 查看导入的符号

2. 地理底图制图

①制作地理底图。切换至地图窗口，在左侧的内容窗格(即内容窗口)中，点击"DEM.tif"图层下方的颜色条，随后打开符号系统窗格，点击配色方案，勾选【显示名称】和【显示全部】，调整色带为黄绿(连续)。(图4.4)

在内容窗格中选中"DEM.tif"，在功能区的上下文菜单【栅格图层】的【效果】组中设置【透明度】为40.0%，结果如图4.5所示。

②市级行政区符号化。在内容窗格中，勾选"City_R"图层，使其可见。点击"City_R"图层下的矩形符号，随后打开符号系统窗格，切换至【属性】选项卡，在【符号】子选项卡下的【外观】组中，设置颜色为白色，轮廓颜色为灰色60%，轮廓宽度为1pt，点击【应

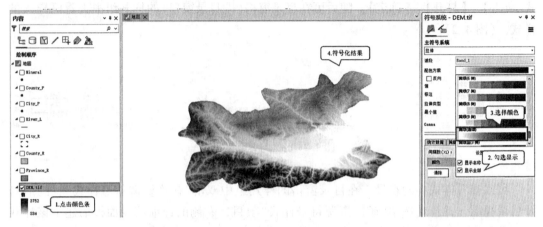

图 4.4　设置 DEM 符号

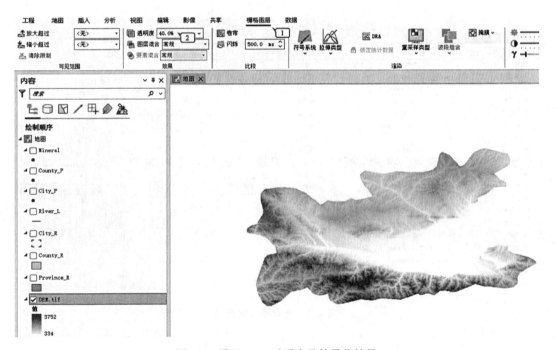

图 4.5　设置 DEM 透明度及符号化结果

用】。在内容窗格中，点击【City_R】以选中该图层，在功能区上下文菜单【要素图层】的【效果】组下，设置【透明度】为 30.0%。（图 4.6）

③县级行政区符号化。在内容窗格中，勾选"County_R"以使其可见。点击"County_R"图层下的矩形符号，随后打开符号系统窗格，切换至【属性】选项卡，在【符号】子选项卡下的【外观】组中，设置颜色为无颜色，轮廓颜色为黑色，轮廓宽度设置为 1pt。切换至【图层】子选项卡，确保选中第一个图层为单色笔划，【虚线效果】中的【虚线类型】选择第 4 项，随后虚线模板变更为"2　6"，点击【应用】。调整图层顺序，使"County_R"图层位于"City_R"图层下方。（图 4.7）

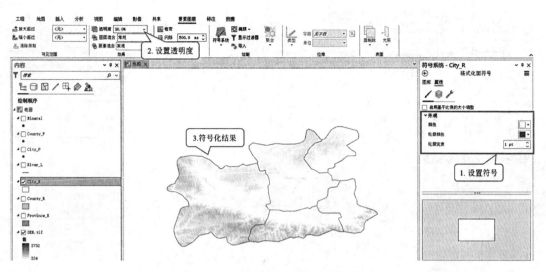

图 4.6   市级行政区符号化及结果

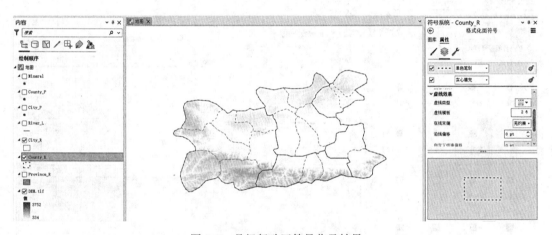

图 4.7   县级行政区符号化及结果

④水系符号化及标注配置。在内容窗格中，点击"River_L"图层下的线符号，随后打开符号系统窗格，切换至【属性】选项卡，在【符号】子选项卡下的【外观】组中，设置颜色为等辉正长岩蓝色(R82，G179，B252)，线宽度为 0.6pt，点击【应用】。在内容窗格中，点击"River_L"图层，在功能区的上下文菜单【标注】选项卡下的【图层】组中，点击【标注】以启用标注功能。在【标注分类】组中，确保【字段】为 MC；在【文本符号】组中，设置字体为宋体，字号为 6 pt，颜色为等辉正长岩蓝色(R82，G179，B252)。在【标注放置】组中，点击【街道偏移】，其他选项保持默认设置。(图 4.8)

⑤市级点符号化及标注配置。在内容窗格中，在"City_P"图层下，点击该图层下的点符号，随后打开符号系统窗格，切换至【图库】选项卡，在【2D 样式】组中，选择【圆形 4】符号；切换至【属性】选项卡，设置颜色为无颜色，大小为 10pt，点击【应用】。切换至【图层】选项卡，设置【外观】组中颜色为灰色 60%。(图 4.9)

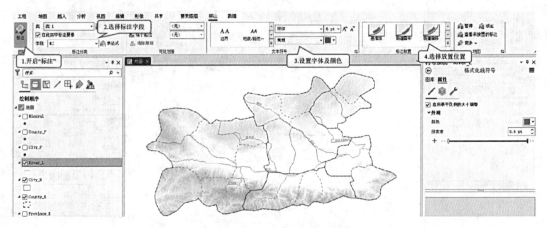

图 4.8　水系符号化及标注

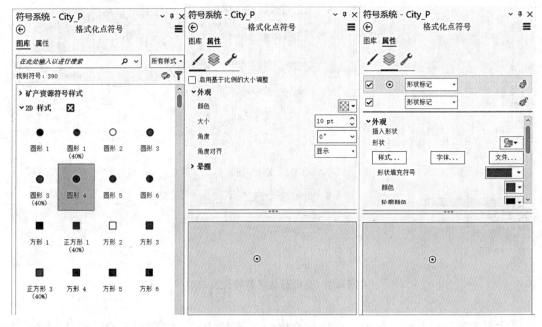

图 4.9　市级点符号化

在内容窗格中，点击"City_P"图层，选中该图层，在功能区的上下文菜单【标注】选项卡下的【图层】组中，点击【标注】以启用标注功能。在【标注分类】组中，设置【字段】为市。在【文本符号】组中，设置字体为宋体，字号为 10pt，颜色为灰色 60%。在内容窗格中，右键点击"City_P"图层，在弹出的快捷菜单中点击【标注属性】，随后打开【标注分类】窗格，切换至【符号】选项卡，在【常规】子选项卡中的【位置】组，设置"偏移 Y"为 2pt，点击【应用】。切换至【位置】选项卡，在【放置】组中选择【点的上方】。（图 4.10）

⑥县级点符号化及标注配置。在内容窗格中，在"County_P"图层下，点击点符号，随后打开符号系统窗格，切换至【属性】选项卡，在【符号】子选项卡下的【外观】组中，设置颜色为无颜色，大小为 3pt，点击【应用】。在内容窗格中，点击"County_P"图层以选中

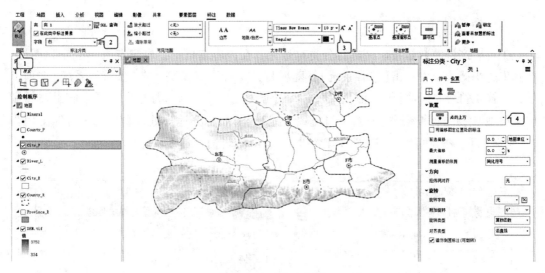

图 4.10　市级点标注

该图层，在功能区的上下文菜单【标注】选项卡下的【图层】组中，点击【标注】以启用标注功能。在【标注分类】组中，设置【字段】为县。在【文本符号】组中，设置字体为宋体，字号为 7pt，颜色为灰色 50%。在内容窗格中，右键点击"County_P"图层，在弹出的快捷菜单中点击【标注属性】，随后打开【标注分类】窗格，切换至【符号】选项卡，在【常规】子选项卡中的【位置】组中，设置"偏移 X"为 2pt，点击【应用】。切换至【位置】选项卡，在【放置】组中选择【点的右方】。（图 4.11）

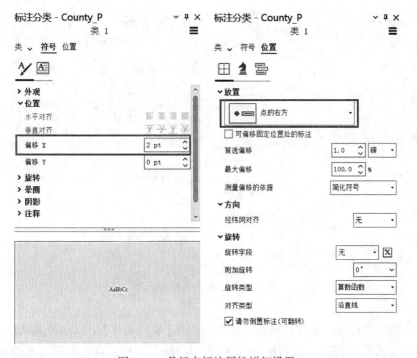

图 4.11　县级点标注属性详细设置

3. 专题要素制作

①将矿产资源数据按矿种进行分类符号化。在内容窗格中，右键点击"Mineral"图层，在弹出的快捷菜单中点击【符号系统】，随后打开符号系统窗格。在【主符号系统】选项卡下，设置主符号系统为【唯一值】，字段 1 为【矿种名称】，点击符号系统窗格右上角的溢出菜单▤，点击【将图层符号系统与样式匹配】，随后打开地理处理窗格。设置匹配值为【矿种名称】，样式为【矿产资源符号样式】，点击【运行】。（图 4.12）

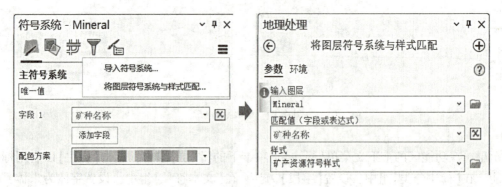

图 4.12　通过字段匹配符号

②添加未匹配的矿种。切换至符号系统窗格，点击【添加未列出的值】，随后进入添加值面板，点击右上角的【选项】—【全选】，点击【确定】，返回主面板。（图 4.13）

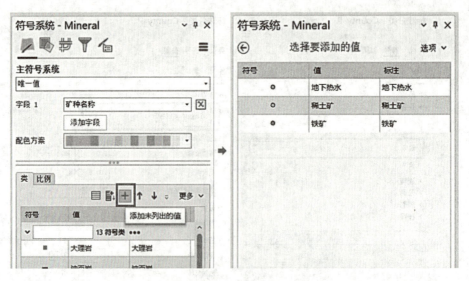

图 4.13　添加未匹配的矿种

③批量格式化符号。通过拖拽将新添加的值从【矿种名称】组移动至默认组，点击【更多】，取消勾选【显示其他所有值】。选中列表中的所有矿种，点击右键，在弹出的快捷菜单中选择【格式化符号】，随后打开格式化多个符号面板，切换到【属性】选项卡，设置大

小为 15pt，点击【应用】。(图 4.14)

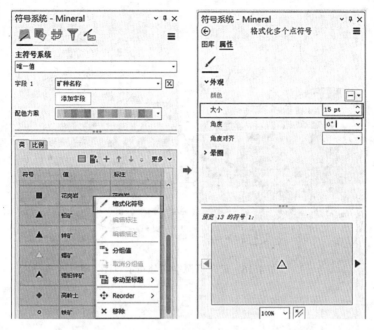

图 4.14 格式化符号设置

④点击返回 ⊙ 按钮，在类列表中分别配置地下热水、稀土矿、铁矿的符号。以地下热水为例，点击地下热水前方的符号，随后进入格式化符号面板，切换至【属性】选项卡后再切换至【图层】子选项卡，点击【形状标记】并切换到【图片标记】，在【外观】组中点击【文件】，读取符号库文件夹中的"地下热水. png"，大小设置为 10pt(图 4.15)。重复上面的步骤以设置稀土矿、铁矿为对应的图片标记符号及合适的大小。

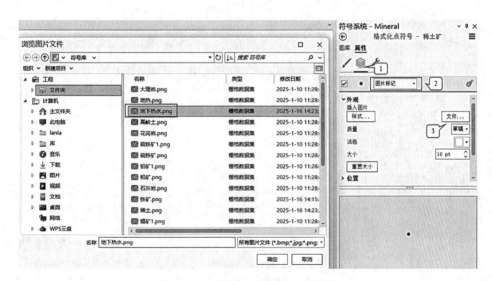

图 4.15 利用图片标记进行符号化

⑤查看矿产资源空间分布图，结果如图4.16所示，并保存工程文件为"矿产资源空间分布示意图"。

图 4.16　矿产资源空间分布示意图

【实训反思】

矿产资源点位符号存在压盖时是否需要处理？能否移位？

技能点4.2.2　矿产资源分布图整饰与输出

【实训目的】

✓ 利用 GeoScene pro 软件进行地图的整饰与输出。

微课：矿产资源
分布图整饰与输出

【实训准备】

✓ 软件准备：GeoScene Pro 4.0 及以上。

✓ 数据准备：地理底图数据(基础要素.gdb、DEM.tif)、矿产资源专题数据(矿产资源.gdb)、符号库(矿产资源符号样式.style)、矿产资源分布图.aprx。

✓ 实训内容：对技能点4.2.1的矿产资源分布图进行整饰并输出。

实验数据：矿产资源
分布图整饰与输出

【实训过程】

1.创建布局

①打开实训数据文件夹中的"矿产资源分布图.aprx"。

②创建布局。在功能区中，点击【插入】—【新建布局】—【ISO-横向】—【新建布局】—【A4】，随后创建新布局。在【插入】选项卡下的【地图框】组中，点击【地图框】，选择【地图】组中的【地图】，在布局页面上绘制地图要放置的位置和大小，结果如图4.17所示。

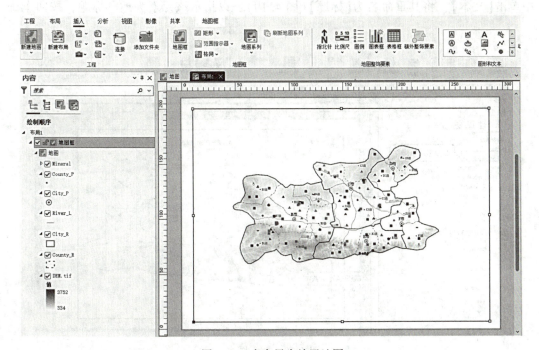

图4.17　在布局中放置地图

③调整地图大小和位置。在内容窗格中，点击【地图框】以选中地图框，点击菜单【地图框】，可在【大小和位置】组中，以一个参考点+宽度/高度进行参数化设置。如果想要设置地图框距离页面为固定的边距，可以按照以下步骤操作：在【排列】组中，点击【分布】—【根据页边距调整】，随后地图框会铺满页面；根据要预留的边距调整宽度和高度，设置宽度为267mm，高度为190mm；点击【对齐】—【与页面对齐】，点击【对齐】—【居中对齐】，点击【对齐】—【中部对齐】，如图4.18所示。

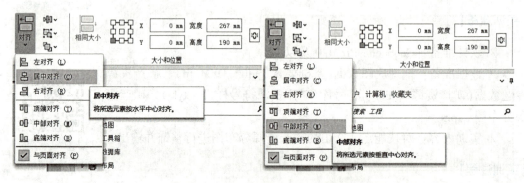

图4.18　预留页边距并居中对齐

2. 地图整饰

①插入整饰要素。分别插入图名、图例、比例尺、指北针。

②插入图名。在功能区中，切换到【插入】选项卡，在【图形和文本】组中选择【矩形文本】，在页面中绘制文本框位置，填写内容为【A省矿产资源分布图】，在内容窗口中单击【文本】，将其重命名为【标题】（图4.19），以指示该元素为地图标题，按回车确

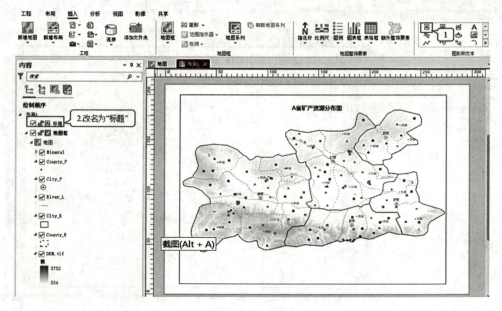

图4.19　插入图名

定。在功能区中，切换至【文本】上下文菜单，在【文本符号】组中，调整字体大小为16pt；通过拖拽重新调整文本框大小，在【对齐】组中，勾选【与页面对齐】，并选择【居中对齐】。

③插入图例。在功能区中，切换到【插入】选项卡，在【地图整饰要素】组中点击【图例】下拉按钮，选择【图例1】，在页面中绘制图例位置，如图 4.20 所示。

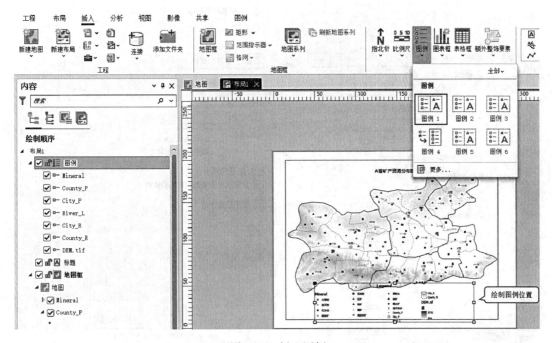

图 4.20 插入图例

设置图例包含的图层：在内容窗格中，展开图例，只保留勾选"Mineral"，取消勾选其他图层。在布局页面中，右键单击图例元素，在弹出的快捷菜单中点击【属性】，随后打开元素窗格，开始设置图例元素的属性：在内容窗格选中【图例】，在元素窗格的【图例】选项卡下，在【图例】组中设置标题为【图例】；在内容窗格选中【图例】下的【Mineral】，在元素窗格的【图例项】选项卡下，在【显示】组中取消勾选【图层名称】，以隐藏图例中的图层名称。(图 4.21)

还可以在图例排列选项中进行图例的排列方式、列数及图例间距等的设置，如图 4.22所示。

④插入比例尺。在功能区中，切换到【插入】选项卡，在【地图整饰要素】组中点击【比例尺】下拉按钮，选择【公制】组下的【比例线1】，在页面中绘制比例尺位置。选中绘制好的比例尺，在窗口右侧的【比例尺】选项卡中，更改比例尺的属性信息，如将地图单位改为千米、更改比例尺文字的字体等。(图 4.23)

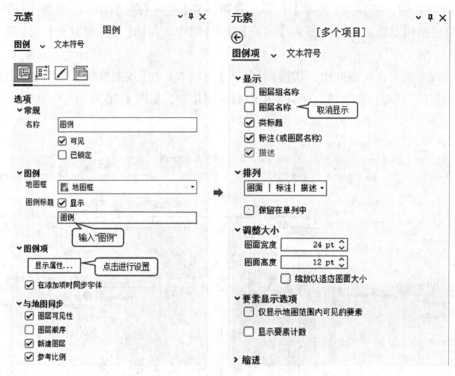

图 4.21　设置图例属性

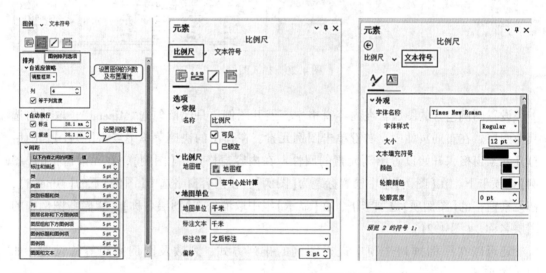

图 4.22　设置图例排列属性　　　　图 4.23　更改比例尺属性信息

⑤插入指北针。在功能区中，切换到【插入】选项卡，在【地图整饰要素】组中点击【指北针】下拉按钮，选择【指北针】组中的【指北针 2】，在页面中绘制指北针位置。

⑥调整地图范围。在功能区中，切换到【布局】选项卡，在【地图】组中点击【激活】（图 4.24），随后可以在布局页面中操作地图，将地图移动到适当的位置。在调整完地图位置之后，切换到【布局】菜单，在【地图】组中点击【关闭激活】。

图 4.24　激活地图工具

⑦如果对输出的地图有比例尺要求，可以在布局状态栏中修改比例尺。(图 4.25)

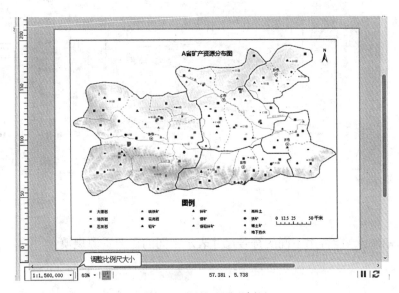

图 4.25　调整地图比例尺

⑧调整页面大小。调整比例尺后，如果页面大小不适合地图的大小，可以通过【布局】选项卡中的【页面设置】工具进行页面的设置，以调整地图大小。(图 4.26)

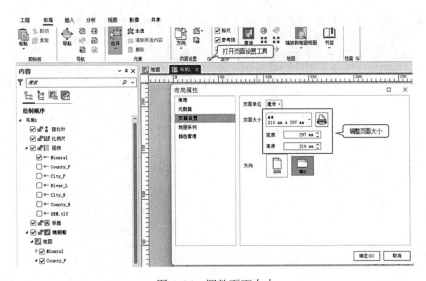

图 4.26　调整页面大小

⑨导出地图。在【共享】菜单下选择【导出布局】进行导出。(图4.27)

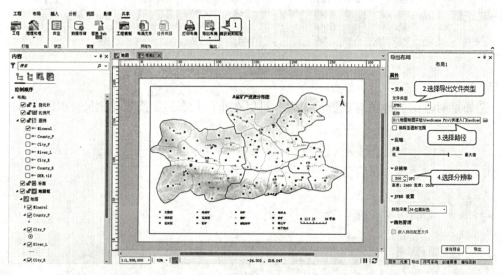

图4.27 导出地图工具

【实训反思】

在本图基础上，能否用不同的符号尺寸表示不同的矿产资源规模？

技能点4.2.3　矿产资源分布图优化设计及制作

微课：矿产资源
分布图优化设计
及制作

【实训目的】

✓ 利用 GeoScene Pro 软件学习定点符号法中的等级符号化实现过程。

【实训准备】

✓ 软件准备：GeoScene Pro 4.0 及以上。

✓ 数据准备：地理底图数据(基础要素.gdb、DEM.tif)、矿产资源专题数据(矿产资源.gdb)、符号库(矿产资源符号样式.style)、矿产资源分布图.aprx。

实验数据：矿产
资源分布图优化
设计及制作

✓ 实训内容：基于省域矿产资源数据和符号库，利用定点符号法中的等级符号对技能点4.2.1 中的矿产资源分布图进行优化，用不同的符号尺寸表示不同的矿产资源规模。

【实训过程】

1. 数据准备

①打开实训数据文件夹中的"矿产资源分布图.aprx"，并将工程文件另存为"矿产资源分布图优化"。

②查看矿产资源属性。每个矿不仅有种类，还有矿产规模，即有大、中、小三个规模(图4.28)。接下来需要对技能点4.2.1 中的矿产资源分布图进行优化，不仅需要用不同的符号表示不同的矿种，还需要对规模进行表示。

OBJECTID	Shape	UserID	矿种名称	矿产类型	矿产规模	矿产规格代码
1 1	点	0	铅矿	金属矿产	大	3
2 2	点	0	石灰岩	非金属矿产	小	1
3 3	点	0	石灰岩	非金属矿产	小	1
4 4	点	0	花岗岩	非金属矿产	大	3
5 5	点	0	高岭土	非金属矿产	大	3
6 6	点	0	花岗岩	非金属矿产	中	2
7 7	点	0	地下热水	能源矿产	大	3
8 8	点	0	锡矿	金属矿产	小	1
9 9	点	0	锌矿	金属矿产	中	2
10 10	点	0	油页岩	能源矿产	小	1
11 11	点	0	石灰岩	非金属矿产	中	2
12 12	点	0	花岗岩	非金属矿产	大	3
13 13	点	0	石灰岩	非金属矿产	中	2
14 14	点	0	油页岩	能源矿产	大	3
15 15	点	0	高岭土	非金属矿产	小	1
16 16	点	0	油页岩	能源矿产	小	1

图4.28　矿产资源属性信息

2. 矿产资源分布图优化

①矿种规模符号化设置。右键点击"Mineral"图层，在弹出的快捷菜单中选择【符号系统】，在【主符号系统】面板中，点击【添加字段】，增加一个字段"字段2"，并将字段2设置为"矿产规格"，依次点击各矿产资源符号，进行符号化修改。（图4.29）

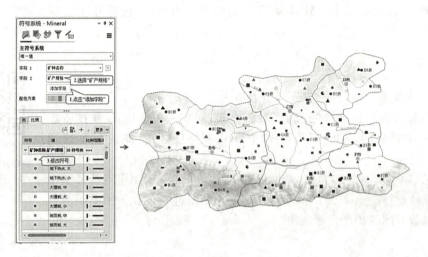

图4.29　矿种规模符号化设置

②地图整饰输出。在布局视图下，调整纸张方向，配置图名、图例、比例尺、指北针等要素。（图4.30）

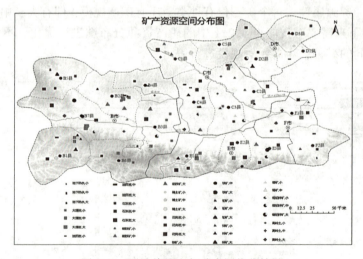

图4.30　矿产资源空间分布图优化结果

【实训反思】

本图的图例如何设计会更优？请提出优化的方案。

任务 4.3 交通路线图设计及制作

知识点 4.3.1 线状符号法专题地图

1. 线状符号法的定义

微课：线状符号法专题地图

线状符号法是用来表示呈线状或带状延伸的专题要素的一种方法。线状符号在普通地图上的应用是常见的，如用线状符号表示水系、交通网、境界线等。

在专题地图上，线状符号除表示上述要素外，还表示各种几何概念的线划，如分水线、合水线、坡麓线、构造线、地震分布线，以及地面上各种确定的境界线、气象上的锋、海岸等，也表示用线划描述的运动物体的轨迹线、位置线，如航空线、航海线、旅游线路等。还可以显示

微课：运动线法专题地图

目标之间的联系，如商品产销地、空中走廊等，以及物体或现象相互作用的地带，这些线划都有其自身的地理意义、定位要求和形状特征。

线状符号可以用色彩和形状表示专题要素的质量特征，也可以反映不同时间的变化，但一般不表示专题要素的数量特征。

线状符号有多种多样的图形。一般来说，线划的粗细可区分要素的顺序，如山脊线的主次。对于稳定性强的重要地物或现象一般用实线，稳定性差的或次要的地物或现象用虚线。

2. 线状符号法的特征

①通过定位线表示线状要素的空间分布特征。线状符号法表示专题要素时，根据定位精度分为严格定位、一侧定位和不严格定位三种表示方法。一般而言，水系、道路属于严格定位，境界线属于一侧定位，表示要素之间经济、社会联系的线要素属于不严格定位。

②通过颜色和形状表示专题要素的质量特征。线状符号法表示专题地图时，可以用不同颜色表示不同要素类型，如用不同的颜色和形状表示不同级别、不同状态的高速公路等。

③通过尺寸表示专题要素的数量特征或等级。用线状符号的宽度表示地理要素的数量特征，例如运输线，运量大的线状符号就宽，运量小的线状符号就窄等。城市经济联系强度及主次程度也可以用不同线宽来表达。

技能点 4.3.1　交通路线图设计及制作

微课：交通路线
图设计及制作

实验数据：交通路
线图设计及制作

【实训目的】

✓ 利用 GeoScene Pro 软件学习线状符号法的实现过程。

【实训准备】

✓ 软件准备：GeoScene Pro 4.0 及以上。
✓ 数据准备：交通图实验数据 .gdb。
✓ 实训内容：基于省域公路、铁路、航线、地铁、行政区划数据，利用线状符号法，制作 XX 省公路交通示意图、XX 省铁路交通示意图、XX 省空中航线示意图。

【实训过程】

1. 公路交通示意图制作

①加载数据。将"交通图实验数据 .gdb"下的 City_P、公路、River_L、City_R、Province_R 五个要素类导入界面，调整图层顺序，由上而下分别是点、线、面图层。（图 4.31）

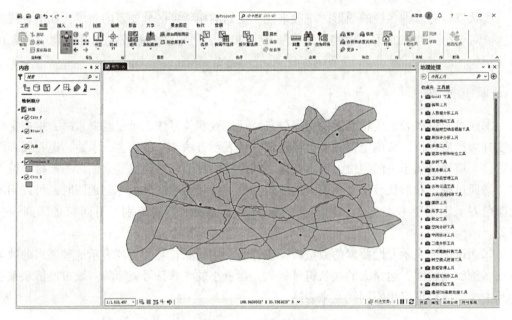

图 4.31　添加数据

②制作地理底图。分别配置地名符号及注记、水系符号及注记、市级行政区边界、省级行政区划边界。注意符号颜色协调、尺寸适当，具体设定参数如表 4.1 所示。

表 4.1 地理底图符号化参数

图层顺序	图层名称	符号类型	符号参数
1	City_P	点	符号名称：圆形 4；尺寸：8；颜色：白色或无填充
		注记	标注字段：市；符号：宋体、8pt、黑色；位置：放置首选点的上方；偏移：2 磅
2	公路	—	—
3	River_L	线	实线；等辉正长岩蓝色（R82，G179，B252）；宽度 0.5pt
		注记	标注字段：MC；符号：宋体、8pt、等辉正长岩蓝色；放置属性：河流放置、弯曲偏移；偏移：1 磅
4	Province_R	面	填充颜色：无颜色；轮廓宽度 1.5pt；轮廓颜色：灰色 70%
5	City_R	面	填充颜色：白色；轮廓宽度：0.4pt；轮廓颜色：灰色 50%；轮廓线线型名称：虚线 6：6

③公路符号化。右键单击"公路"图层，在弹出的快捷菜单中选择【符号系统】，在【符号系统】选项卡下，在【主符号系统】中设置显示为【唯一值】，字段值为【类型】，选中类型，并点击向上箭头，调整各类型的顺序，从上而下依次是：高（快）速公路，规划、在建高速公路，国道，省道。修改各公路类别的符号样式，参数如表 4.2 所示，符号化结果如图 4.32 所示。

表 4.2 公路符号化参数

类别	符号参数
高（快）速公路	符号类型：实线；颜色：孔雀石绿（R0，G169，B133）；宽度：2pt
规划、在建高速公路	符号名称：虚线 6：6；颜色：孔雀石绿（R0，G169，B133）；宽度：2pt
国道	符号类型：实线；颜色：生褐色（R181，G111，B21）；宽度：1.5pt
省道	符号类型：实线；颜色：浅橄榄色（R216，G204，B108）；宽度：1.2pt

④设置公路编号分类标注。在"公路"图层上单击右键，在弹出的快捷菜单中选择【标注】，此时公路已被标注。再次右击"公路"图层，选择【标注属性】，在【类】表达式中选择"名称"并应用。点击【类】选项卡右上角，选择【从符号系统创建标注类】，按符号系统中的字段属性进行批量创建多个标注类（图 4.33）。接下来可对每个标注类的标注进行修改。

⑤高（快）速公路注记符号优化。点击"公路"图层，在功能区选择【标注】菜单，在【类】下拉菜单中选择【高（快）速公路】，右侧悬靠的【标注分类-公路】选项卡随之发生变化。在功能区中点击【文本符号】下拉菜单中的【盾形路牌符号 14】，如图 4.34 所示。

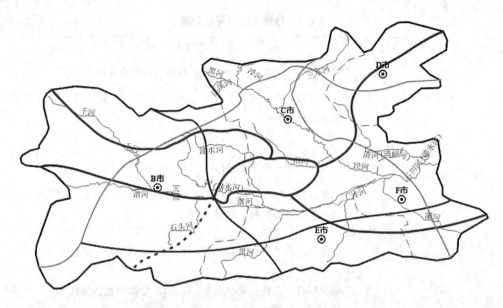

图 4.32 公路符号结果

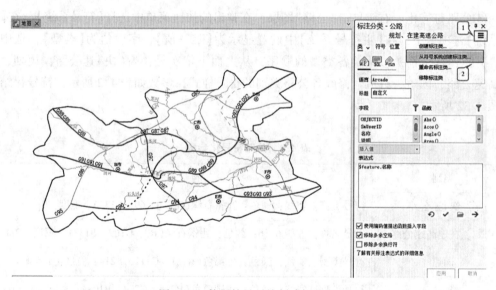

图 4.33 使用符号系统创建标注类

在窗口右侧的【标注分类-公路】选项卡中选择【外观】和【注释】，调整字体和文本符号的具体配置。设置符号颜色为白色，字体 Times New Roman，大小 7pt，字体样式选择【Bold】(加粗)。点击【注释】，选择【点符号】，设置颜色为孔雀绿，大小默认。点击【位置】选项卡，选择【规则放置】和【平直居中】。此时，已完成高(快)速公路注记符号的优化。(图 4.35)

⑥高(快)速公路注记符号保存到样式，以备后续使用。点击标注功能区【标注分类】中【类】选项卡的右上角，选择【将符号保存到样式】，设置好名称和类别信息等。(图 4.36)

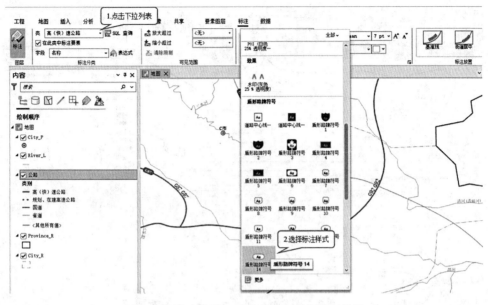

图 4.34　选中高(快)速公路注记符号进行优化

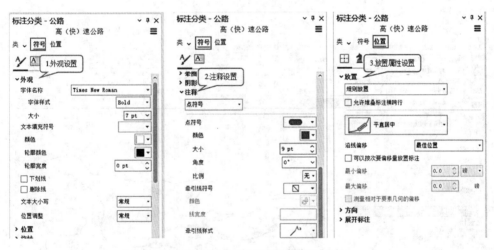

图 4.35　高(快)速公路注记符号优化

⑦规划、在建高速公路注记符号优化。点击标注功能区中【标注分类】中【类】右侧的下拉菜单，选择【规划、在建高速公路】，在【文本符号】中选择已保存的高(快)速公路注记符号，确定生效后查看保存的结果。(图 4.37)

⑧国道注记符号优化。点击【类】右侧的下拉菜单，选择【国道】，在【文本符号】中选择已保存的高(快)速公路注记符号，确定生效后查看保存的结果。点击【标注】选项卡中的【符号】，设置【外观】文本颜色为黑色，字号为 8pt。在【注释】中调整【点符号】—【格式化】，设置符号边框为浅橄榄色，填充为白色，轮廓宽度设置为 2pt，点击【确定】，此时已完成国道注记符号的优化。(图 4.38)

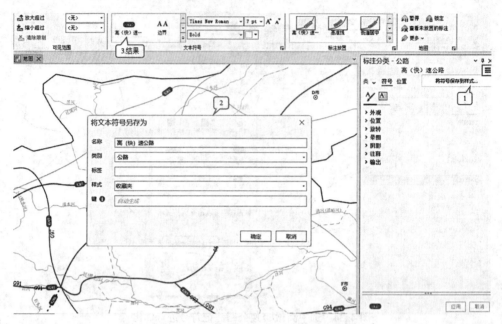

图 4.36　高(快)速公路注记符号保存样式

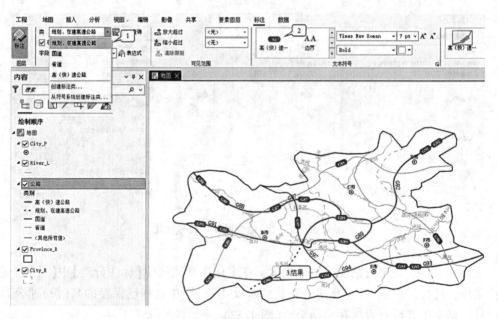

图 4.37　应用保存的符号样式

使用同样的方法对省道注记符号进行优化。

⑨地图整饰与输出。在【新建布局】下，选择合适的纸张，调整纸张方向，配置图名、图例、比例尺、指北针等要素，结果如图 4.39 所示。

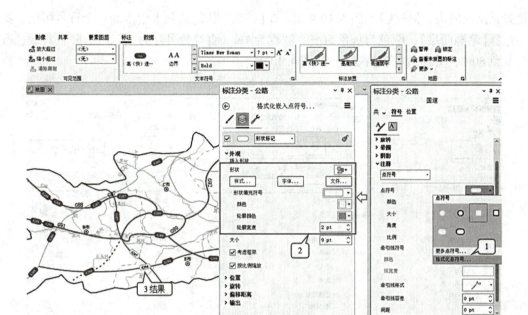

图 4.38 国道注记符号优化

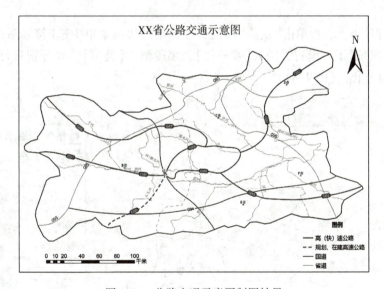

图 4.39 公路交通示意图制图结果

2. 铁路交通示意图

①原始数据导入。将公路交通示意图的工程文件另存为铁路交通示意图,移除"公路"图层,导入"铁路"图层。调整图层顺序,由上而下分别是 City_P、铁路、River_L、City_R、Province_R。

②铁路符号制作。双击"铁路"图层下的线状符号,打开符号系统窗格,点击【属性】。在【符号系统—图层】选项卡中,设置颜色为白色,宽度为 0.5pt;在【虚线效果】选项下,

设置铁路线间隔，【虚线】比例为 10∶10。在【结构-图层】选项卡中添加一个符号图层，类型选择【笔画图层】，颜色为灰色 50%，宽度为 1pt。将符号另存为"普通铁路"。将颜色改为灰色 80%，另存为"高速铁路"。（图 4.40）

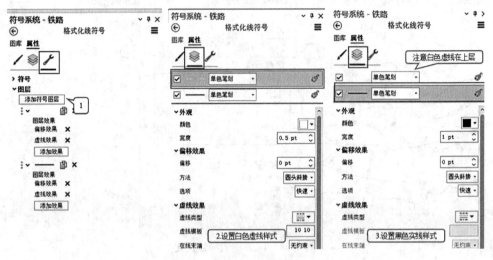

图 4.40　铁路符号制作

③铁路符号化。右键单击"铁路"图层，在弹出的快捷菜单中选【符号系统】，在窗口右侧的【符号系统】下，设置类别为【唯一值】，字段值为【类型】，并分别进行普通铁路和高速铁路的符号化。（图 4.41）

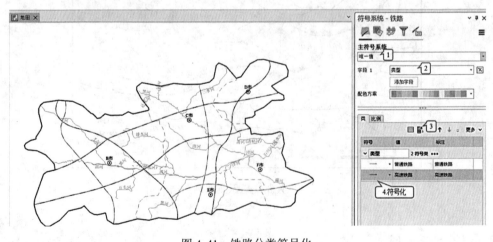

图 4.41　铁路分类符号化

④标注铁路名称。选中"铁路"图层，在【标注】功能区中，设置标注字段为【名称】，并设置合适的字号、颜色及偏移量。（图 4.42）

⑤地图整饰与输出。在布局视图下调整数据框位置，设置图名、图例、比例尺、指北针等要素，输出地图。（图 4.43）

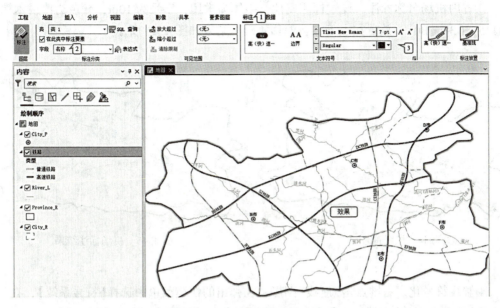

图 4.42 设置铁路标注

图 4.43 铁路交通示意图制图结果

3. 空中航线示意图

①原始数据导入。将公路交通示意图的工程文件另存为空中航线示意图，移除"铁路"图层，导入"省内机场"和"航线"图层。调整图层顺序，由上而下分别是省内机场、City_P、航线、River_L、City_R、Province_R。

②省内机场符号化。在"省内机场"图层下，双击其符号，打开符号系统窗格。在【图库】中搜索【飞机】，使用【2D 样式】下的【机场】作为符号，颜色设置为托斯卡纳红（R181，G0，B11），大小为 16pt，结果如图 4.44 所示。

③省内机场名称标注。设置标注属性，字体为宋体，字号为10pt，颜色为樱桃木褐色（R115，G38，B0），放置在点下方，偏移4磅，结果如图4.45所示。

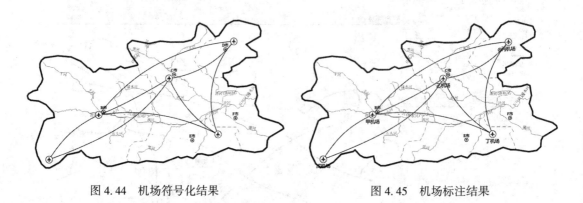

图4.44　机场符号化结果　　　　　　　　图4.45　机场标注结果

④航线符号化。右键点击"航线"图层，在弹出的快捷菜单中选择【符号系统】，在【符号系统】选项卡下的【主符号系统】中设置类别为【唯一值】，字段值为【说明】。对规划航线和运营航线进行符号化，符号化参数如表4.3所示，结果如图4.46所示。

表4.3　航线符号化参数

名称	符号参数
规划航线	颜色：天青石色（R0，G92，B230）；宽度：2pt；制图线符号，虚线效果比例为10∶10
运营航线	颜色：孔雀绿（R0，G115，B76）；宽度：2pt；实线

⑤地图整饰与输出。在布局视图下，调整纸张方向，配置图名、图例、比例尺、指北针等要素。（图4.47）

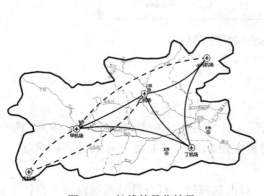

图4.46　航线符号化结果

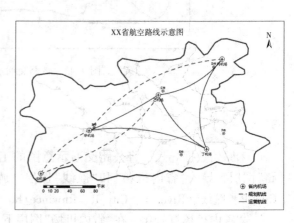

图4.47　输出地图

【实训反思】

①你能否对现有铁路、公路、航线符号进行优化，让地图更加美观、清晰？

②现有 A 市地铁线数据和站点数据（图 4.48），你能否运用所学技能，做出 A 市地铁线路图呢？

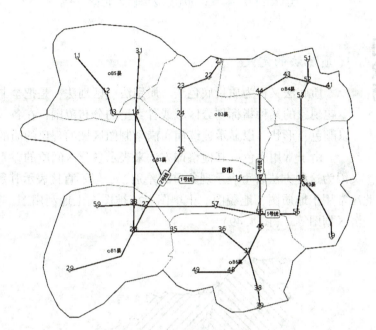

图 4.48 A 市地铁线数据和站点数据

任务 4.4　生态环境质量图设计及制作

知识点 4.4.1　质底法专题地图

微课：质底法
专题地图

1. 质底法的定义

质底法又称为质量底色法、质别法、区划法，是把全制图区域按照专题现象的某种指标划分区域或各类型的分布范围，在各界线范围内涂以颜色、形状，以显示连续而布满全制图区域的现象的质的差别。

由于常用底色或其他整饰方法来表示各分区间质的差别，所以该方法称为质底法。又因为这种方法着重表示现象质的差别，一般不直接表示其数量特征，故又称质别法。此法常用于地质图、地貌图、土壤图、植被图、土地利用图、行政区划图、自然区划图、经济区划图等。（图 4.49）

产粮棉区	农林区	山区
产棉区	低山丘陵区	

图 4.49　质底法专题地图

采用质底法时，首先按专题内容性质决定要素的分类、分区，其次勾绘出分区界线，最后根据拟定的图例，用特定的颜色、晕线、字母等表示各种类型分布。类型或区域的划分既可以根据专题要素的某一属性（如地质图中按年代或岩相），也可根据组合指标（如农业区划图根据产量、农业机械水平、湿度、温度、降水量等多种指标），采用分类处理的数学方法进行划分。

2. 质底法的特点

在质底法图上，图例说明要尽可能详细地反映出分类的指标、类型的等级及其标志，并注意分类标志的次序和完整性。质底法具有鲜明、美观、清晰的优点，但在不同现象之间，显示其渐近性和渗透性较为困难，图上某一区域只属于一种类型或一种区划。质底法主要显示现象间质的差别，不表示数量大小。质底法中对各种现象的颜色有比较严密的规定，要反映现象的多级分类概念，因此要从分类的角度来设计颜色。

技能点4.4.1　生态环境质量图设计及制作

微课：生态环境质
量图设计及制作

实验数据：生态环境
质量图设计及制作

【实训目的】

　✓ 利用GeoScene Pro软件学习质底法的实现过程。

【实训准备】

　✓ 软件准备：GeoScene Pro 4.0及以上。
　✓ 数据准备：生态质量图实验数据.gdb。
　✓ 实训内容：质底法实践应用。在行政区划底图上，基于县域生态环境质量数据集，制作XX省县域生态质量等级图、XX省县域生态质量变化幅度图。

【实训过程】

1. 县域生态质量等级图

①导入数据。将"生态质量图实验数据.gdb"下的County_P、City_P、River_L、县域生态环境EQI、City_R五个要素类导入软件界面，调整图层顺序，由上而下分别是点、线、面图层。（图4.50）

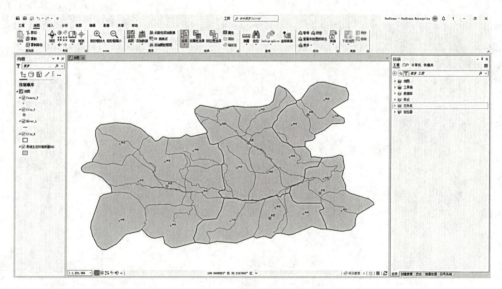

图4.50　加载数据

②地理底图制作。分别配置地名符号及注记、水系符号及注记、市级行政区边界、省级行政区划边界，注意符号颜色协调、尺寸适当，具体参数如表4.4所示，并保存工程文件，将其命名为"生态质量图设计及制作底图"。

表 4.4　地理底图要素符号化具体参数

图层顺序	图层名称	符号类型	符号参数
1	County_P	点	符号样式：圆形；尺寸：4；颜色：白色；轮廓：黑色
		注记	标注字段：县；宋体(Times New Roman)、7 号、黑色；X 偏移：2；放置属性：点的上方
2	City_P	点	符号名称：圆形 4；尺寸：8；颜色：灰色 60%
		注记	标注字段：市；宋体(Times New Roman)、8 号、黑色；Y 偏移：2；放置属性：点的上方
3	River_L	线	实线；等辉正长岩蓝色(R82，G179，B252)；宽度 0.5
		注记	标注字段：MC；宋体(Times New Roman)、8 号、等辉正长岩蓝色、倾斜；放置属性：平行、上方；其余默认
4	City_R	面	填充颜色：无颜色；轮廓宽度 1.5；轮廓颜色：灰色 70%

③专题要素符号化——生态质量等级符号化。将工程文件另存为"县域生态质量等级图"。右击"县域生态环境质量 EQI"图层，在弹出的快捷菜单中选择【符号系统】，弹出符号系统窗格。在符号系统窗格中，将主符号系统由【单一符号】改为【唯一值】，字段 1 设置为【生态质量等级】，点击【添加所有值】。配色方案选择一个渐变色的色带，比如亮绿色，由于各个色带都是由浅色渐变为深色，可以在颜色条下方选择【设置配色方案格式】，在弹出的【配色方案编辑器】中点击反向配色方案，即可与生态质量等级相符。（图 4.51）调整各类型的顺序，从上而下依次是：一类、二类、三类、四类、五类。将菜单切换到【要素图层】菜单下，调整【透明度】的值，此处设置为 20%，结果如图 4.52 所示。

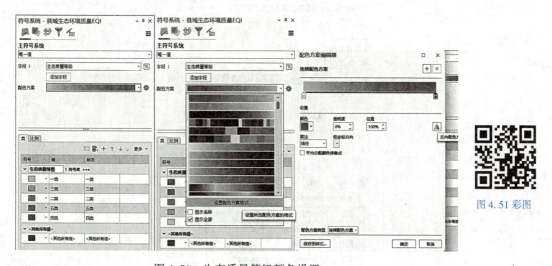

图 4.51 彩图

图 4.51　生态质量等级颜色设置

④地图整饰与输出。在【插入】菜单下，选择新建布局，选择横向 A4，调整纸张方

向/大小，配置图名、图例、比例尺、指北针等要素。在【共享】菜单下，选择导出布局即可完成地图输出，结果如图 4.53 所示。

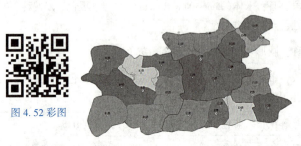

图 4.52 彩图

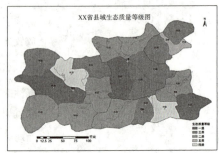

图 4.52 生态质量等级符号化结果　　　图 4.53 县域生态质量等级图

2. 县域生态质量变化幅度图

①打开地理底图工程文档。打开之前操作保存的工程文档"生态质量图设计及制作底图"，同时另存为"县域生态质量变化幅度图"。

②生态质量变化幅度符号化。右击【县域生态环境质量 EQI】图层，在弹出的快捷菜单中选择【符号系统】，弹出符号系统窗格。在符号系统窗格中，将主符号系统由【单一符号】改为【唯一值】，字段 1 设置为【生态质量变化幅度分级】，点击【添加所有值】。调整各类型的顺序，从上而下依次是：明显变好、一般变好、轻微变好、基本稳定、一般变差。配色方案选择一个渐变色的色带，比如绿色到红色，即可与生态质量等级相符（图 4.54）。将菜单切换到【要素图层】菜单下，调整【透明度】的值，此处设置为 30%。

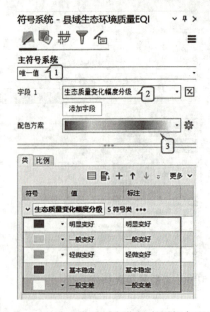

图 4.54 县域生态质量变化幅度图颜色配置

③地图整饰与输出。在【插入】菜单下，选择新建布局，选择横向 A4，调整纸张方向/大小，配置图名、图例、比例尺、指北针等要素。在【共享】菜单下，选择导出布局即可完成地图输出。(图4.55)

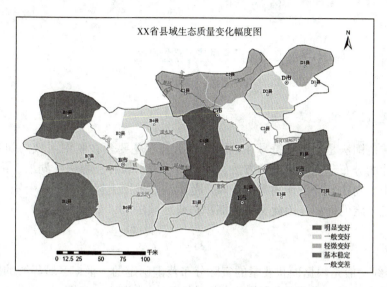

图4.55 彩图

图4.55 县域生态质量变化幅度图

【实训反思】

①本次实训用等级颜色符号法进行了生态质量的专题制图，能否使用等级符号法达到同样的效果？

②分析 XX 省县域生态质量等级图和 XX 省县域生态质量变化幅度图，你认为如何能够客观评价县域生态质量？

任务 4.5 地质灾害易发程度分区图设计及制作

知识点 4.5.1 范围法专题地图

微课：范围法
专题地图

1. 范围法的定义

范围法是用面状符号在地图上表示某专题要素在制图区域内间断而成片的分布范围和状况的方法，主要用于表示森林、煤田、湖泊、沼泽、油田、动物、经济作物等的分布。范围法在地图上标明的不是个别地点，而是一定的面积，因此又称为面积法或区域法。

2. 范围法的分类

范围法的区域界线一般是根据面状要素的实际分布范围确定的，根据区域界线的精确程度，可分为精确范围法（绝对范围法）和概略范围法（相对范围法），如图 4.56 所示。绝对范围是指表示的现象仅仅分布在标明的地区范围内，在此范围外便没有这种现象了。相对范围是指地图上绘出的范围仅仅是所表示地理要素的集中地区，在外围以外还有同类地理要素，不过是太零星无法表示而已，如农作物分布。

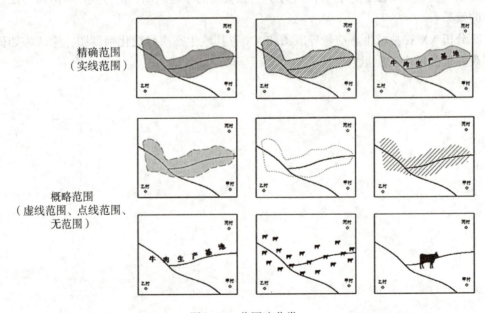

图 4.56 范围法分类

3. 范围法的特点

范围法主要表示面状要素的分布范围和质量特征，一般不表示数量指标。若要反映数量特征，可借助于符号的大小和多少、注记字的大小、晕线的疏密或粗细、颜色的深浅，或直接标注其数字等方法。另外，以现象不同时期范围的重叠和变化，还可以显示现象的发展动态。

4. 范围法的作用

范围法的主要作用：

①反映间断呈片状分布的专题要素；

②反映质量，也可反映数量差异特征；

③反映时刻，也可反映发展动态，以现象不同时期范围的重叠和变化，显示现象的发展动态，如采用两张图对比，或一张图上重叠(不同颜色)。

范围法简单明确，通常仅反映现象的区域范围；但反映数量特征有时较为困难。所谓渗透，在图上主要表现为重叠，用不同颜色、不同形状、不同方向的晕线同时表示。

技能点 4.5.1　地质灾害易发程度分区图设计及制作

微课：地质灾害
易发程度分区图
设计及制作

实验数据：地质
灾害易发程度分
区图设计及制作

【实训目的】

✓ 利用 GeoScene Pro 软件学习范围法专题地图的制作过程。

【实训准备】

✓ 软件准备：GeoScene Pro 4.0 及以上。

✓ 数据准备：地理底图数据（地理底图数据 .mpkx）、地质灾害数据（地质灾害 .gdb）。

✓ 实训内容：范围法实践应用。在行政区划底图上，基于 XX 省地质灾害数据集，制作 XX 省地质灾害易发程度分区图。

【实训过程】

1. 加载地理底图

启动 GeoScene Pro，在【起始页】中选择【打开工作空间】，找到【原始数据】中的"地质灾害易发程度分区图 . aprx"，打开工程文档。（图 4.57）

图 4.57 彩图

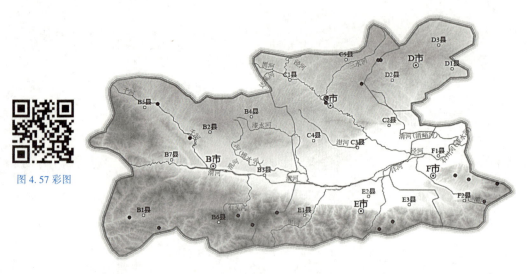

图 4.57　地质灾害易发程度分区图底图

2. 地质灾害易发程度专题要素符号化

①加载专题数据。加载地质灾害 . gdb 数据库中的专题数据：地质灾害发生区、地质灾害隐患点、重点防护区。

②地质灾害发生区符号化。在内容窗格中，右键点击【地质灾害发生区】图层，在弹出的快捷菜单中点击【符号系统】，随后打开符号系统窗格；主符号系统设置为【唯一值】，字段1设置为【类别】，点击【更多】，取消勾选【显示其他所有值】，为每个类别配置符号，属性设置如表4.5所示。

表 4.5　地质灾害发生区要素符号化参数

类别	符号属性
不易发生区	颜色：R170，G229，B241；轮廓颜色：无颜色
低易发生区	颜色：R233，G241，B200；轮廓颜色：无颜色
中易发生区	颜色：R255，G238，B170；轮廓颜色：无颜色
高易发生区	颜色：R255，G200，B161；轮廓颜色：无颜色

在功能区【要素图层】下设置【透明度】为30%，结果如图4.58所示。

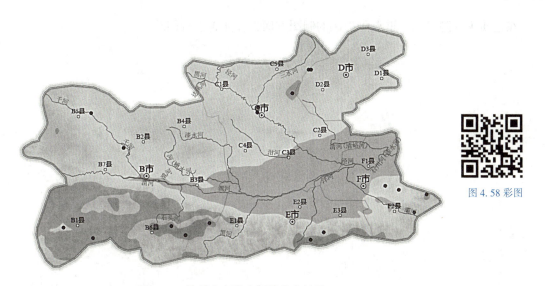

图 4.58 彩图

图 4.58　地质灾害发生区符号化结果

③重点防护区符号化。设置【重点防护区】为单一符号，符号选择"10%简单影线"，设置颜色为灰色80%，轮廓颜色为无颜色。

④地质灾害隐患点符号化。设置【地质灾害隐患点】为单一符号，符号选择"方形3"，设置颜色为托斯卡纳红（R168，G0，B0），大小为7pt，结果如图4.59所示。

⑤地图整饰与输出。创建ISO横向A4布局，添加地图，并插入图名、图例、比例尺、指北针等元素。

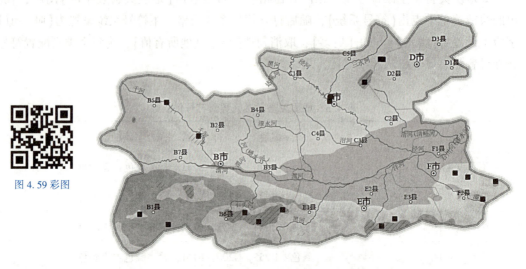

图 4.59 彩图

图 4.59　重点防护区及地质灾害隐患点符号化结果

【实训反思】

在地质灾害隐患点、重点防护区的制图方面，你能否进行创新？

任务 4.6 土壤磁化率空间分布图设计及制作

知识点 4.6.1 等值线法专题地图

1. 等值线法的定义

等值线法也称为等量线法，是将制图现象数值相等的各点连接成光滑的曲线，主要用于反映布满全制图区域的有一定渐变性的现象，如等高线、等温线、等降水量线、等磁偏线、等气压线等。常见的普通地形图中的等高线就是等值线中最典型的一种。

2. 等值线法的特点

①等值线法适宜表示连续分布而又逐渐变化的现象，此时等值线间的任何点可以用插值法求得其数值，如自然现象中的地形、气候、地壳变动等现象。

②对于离散分布而逐渐变化的现象，通过统计处理，也可用等值线法表示。这种根据点代表的面积指标绘出的等值线称为伪等值线。(图 4.60)

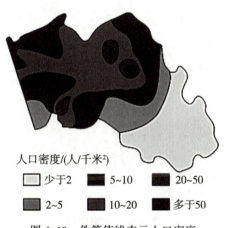

人口密度/(人/千米²)

| □ 少于2 | ■ 5~10 | ■ 20~50 |
| ■ 2~5 | ■ 10~20 | ■ 多于50 |

图 4.60 伪等值线表示人口密度

③等值线法既可反映现象的强度，还可反映随着时间变化的现象，如磁差年变化，既可反映现象的移动，如气团季节性变化，还可反映现象发生的时间和进展，如冰冻日期等。

④等值线的间隔最好保持一定的常数，这样有利于依据等值线的疏密程度判断现象的变化程度。另外，如果数值变化范围大，间隔也可扩大。

⑤在同一幅地图上，可以表示二、三种等值线系统，以显示几种现象的相互联系，但这种图易读性相应降低，因此常用分层设色辅助表示其中一种等值线系统。

技能点 4.6.1　土壤磁化率空间分布图设计及制作

微课：土壤磁化
率空间分布图设
计及制作

实验数据：土壤
磁化率空间分布
图设计及制作

【实训目的】

✓ 利用 GeoScene Pro 软件学习等值线法专题地图制作。

【实训准备】

✓ 软件准备：GeoScene Pro 4.0 及以上。
✓ 数据准备：土壤磁化率.gdb。
✓ 实训内容：等值线法专题地图应用。基于土壤磁化率数据，制作区域土壤磁化率空间分布图。

【实训过程】

1. 加载数据

原始数据导入。创建土壤磁化率空间分布图地图文档，并加载土壤磁化率.gdb 数据库中的 samples 数据。(图 4.61)

图 4.61　加载数据

2. 等值线数据分析处理

①切换到【分析】菜单，点击【地统计向导】按钮。(图 4.62)

②空间插值。在【地统计向导】对话框中，在左侧选择插值方法简单、可靠性较高的【反距离权重法】，在【输入数据集】中，将【源数据集】选择"Samples"，【数据字段】选择"Xlf"。单击【下一步】，进行参数设置，先将【邻域类型】设置为"平滑"，并单击以优化幂值，单击【下一步】，完成插值。(图 4.63)

图 4.62　地统计向导工具

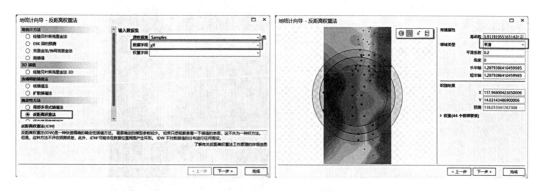

图 4.63　地统计向导设置

③插值结果导出。右键单击插值结果，在弹出的快捷菜单中选择【导出图层】—【至栅格】，将插值结果保存在"土壤磁化率 . gdb"数据库中，并将其命名为"Xlf"。同时，删除原有【反距离权重法】图层，结果如图 4.64 所示。

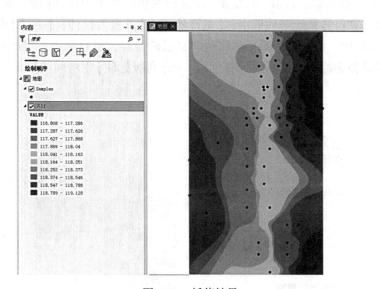

图 4.64　插值结果

④等值线生成。在地理处理中搜索等值线，找到工具箱【Spatial Analyst 工具】—【表面分析】—【等值线】工具。将【输入栅格】设置为"Xlf"，将【等值线类型】设置为"等值线"，【等值线间距】设置为"0.1"，【起始等值线】设置为"116.8"，单击【确定】以完成等值线提取工作（图 4.65）。（在设置等值线间距时，应当根据实际数值进行尝试设置，合适即可。）

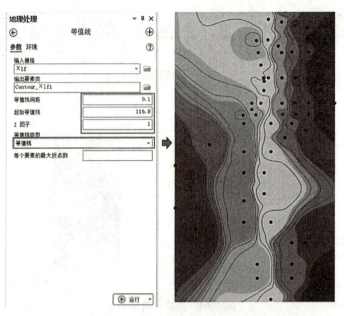

图 4.65 生成等值线

3. 等值线图配置

　　①配置 Xlf 专题要素。右击 Xlf 图层，在弹出的快捷菜单中选择【符号系统】，弹出符号系统对话框。在符号系统对话框中，【主符号系统】设置为拉伸，【方法】设置为几何间隔，【类】设置为10。根据制图的基本规范和自己的喜好，进行配色方案的选择，注意颜色搭配，通常低值为冷色调，高值为暖色调。在【高级标注】中将间隔数设置为10，完成配置。(图 4.66)

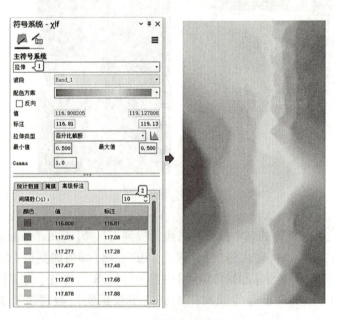

图 4.66 配置 Xlf 专题要素

②配置等值线专题要素。颜色设置为灰色60%，宽度设置为1。对等值线进行标注，标注字段选择"Contour"，字体设置为"Times New Roman"，字大小设置为10pt。在【标注放置】选项中选择等值线，也可以点击【标注放置】右下角的箭头，弹出【标注分类】窗口，从而详细调整标注信息。（图4.67）

注意：在进行等值线颜色、线宽及标注字体大小的设置时，应根据比例尺和图面效果情况进行合理设置，在布局设置环节，可通过【布局】—【导航】—【全图】查看设置是否合理。

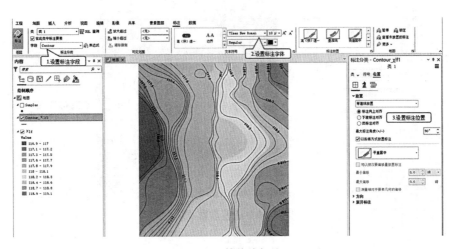

图4.67 等值线标注

③将标注转换成注记，右键单击"Contour"图层，在弹出的快捷菜单中选择【转换标注】—【将标注转换成注记】，将注记保存至"土壤磁化率.gdb"数据库中，命名为默认。

④生成注记掩膜。利用工具箱【制图工具】模块，选择【掩膜工具】—【交叉图层掩膜】工具，设置掩膜图层为"Contour_Xlf1注记"，被掩膜的图层为"Contour_Xlf1"，边距为1磅。（图4.68）

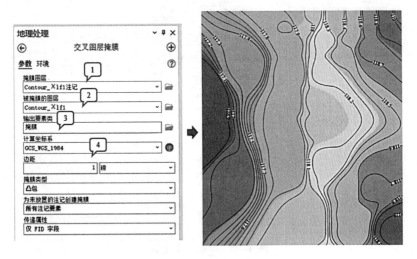

图4.68 生成注记掩膜

⑤掩膜设置。在内容窗口中选中等值线图层，点击功能区中【要素图层】—【绘制】—【掩膜】，在下拉列表中选择掩膜图层，在内容窗口中关闭"掩膜"图层，即可达到标注地方等值线断开显示效果。（图4.69）

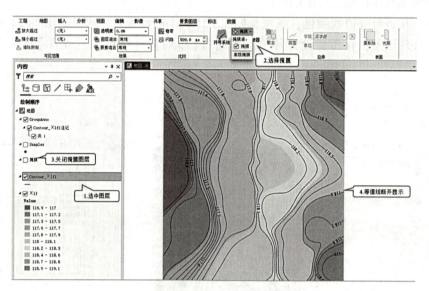

图4.69　掩膜设置及结果

⑥采样点符号化设置。设置Samples符号，为圆形1，符号大小为12。

4.地图布局及输出

①新建布局。点击菜单【插入】—【新建布局】—【自定义布局大小】，设置地图页面大小，宽度设置为320mm，高度设置为590mm，即可得到一个布局（图4.70）。点击【插

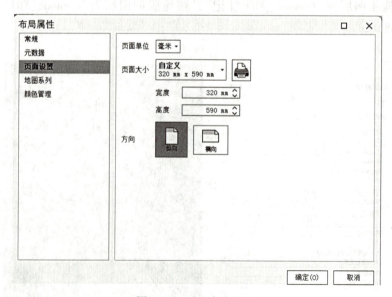

图4.70　页面大小设置

入】—【地图框】，选择地统计的结果地图即可，设置比例尺为 1∶1 000 000，并调整地图要素居中布局。注意：在实际制图过程中，可能需要在设定比例尺后，再次根据地图要素内容范围调整地图页面大小。右键单击空白处，在弹出的快捷菜单中选择【属性】，打开【布局属性】对话框，在【页面设置】选项卡中进行页面大小调整，直至合适为止，如图 4.70 所示。

②配置图例。点击菜单【插入】—【图例】，在图上适当位置绘制一个范围。其中 Xlf 图例符号单独设置，右击内容窗口中的布局—图例—Xlf 图层，在弹出的快捷菜单中选择属性。在弹出的元素窗口中，取消勾选图层名称、类标题，类型选择水平，可以适当调整图面宽度参数，达到预期效果即可。（图 4.71）

③地图整饰与输出。配置图名、比例尺、指北针等要素，结果如图 4.72 所示。

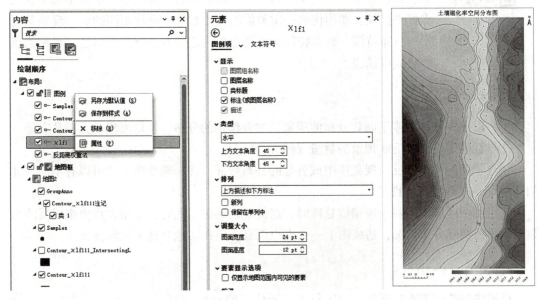

图 4.71　图例设置　　　　　　　　　图 4.72　制图结果

【实训反思】

　　等值线法专题地图适合应用在哪些方面？在进行等值线法专题地图配置过程中，应该注意哪些方面？

任务 4.7　人口空间分布图设计及制作

知识点 4.7.1　点值法专题地图

微课：点值法
专题地图

1. 点值法的定义

　　对制图区域中呈分散的、复杂分布的现象，如人口分布、动物分布、植物分布等，当无法勾绘其分布范围时，可以用一定大小和形状的点群来反映，即用代表一定数值的大小相等、形状相同的点，反映某要素的分布范围、数量特征和密度变化。这种方法称为点值法，也称为点数法或点描法。

2. 点值法的特点

　　①可以反映分散的或呈面状分布的现象，如农作物的分布、耕地面积、人口分布等。

　　②点数的多少可以反映现象的数量规模。

　　③点子的配置可以反映现象集中或分散的分布特征。在一幅地图上，可以有不同尺寸的几种点，或不同颜色的点。

　　④当制图区域内的两个极端值悬殊时，点值难以确定。此时，采用大点值难以反映出数量较小的实际分布情况，造成图上一个点也没有，但在实地有这种现象分布。

3. 点值法的布点原则

　　点值法中的一个重要问题是确定每个点所代表的数值（权值）以及点子的大小。点值的确定应顾及各区域的数量差异，点值确定得过大或过小都是不合适的。

　　点值过大，图上点子过少，不能反映要素的实际分布情况；点值过小，在要素分布稠密地区，点子会发生重叠，现象分布的集中程度得不到真实的反映。

　　因此，确定点值的原则是，在最大密度区点子不重叠，在最小密度区不空缺。例如，在人口分布图上，首先规定点子的大小（一般为 0.2~0.3 mm），然后用这样大小的点子在人口密度最大的区域内点绘，使其保持彼此分离但又充满区域，数出排布的点子数，再除以该区域的人口数后凑成整数，即为该图上合适的点值。

知识点4.7.2 等值区域法专题地图

微课：等值区域法专题地图

1. 等值区域法的定义

等值区域法是以一定区划为单位，根据各区划内某专题要素的数量平均值进行分级，通过面状符号的设计表示该要素在不同区域内的差别的方法，也可以称为分级统计图法，或者分色统计图法、分级比值法，属于统计制图之列。

等值区域法是将制图区域分成若干区（通常以行政区划为单元），然后按各区现象的集中程度（密度或强度）或发展水平划分级别，最后按级别的高低涂以深浅不同的颜色，颜色的深浅与级别一致。

2. 等值区域法的分级方法

等值区域法的划分级别一般控制在6~8级为宜，级别太多，会影响印刷或阅读效果，级别太少，则其精度太低。划分级别的方法，通常有等差分级法、等比分级法和其他分级法。

①等差分级法：如0~10，11~20，21~30，31~40。这种分级方法简单、好记、便于阅读，所以用得多。

②等比分级法：当相当数量的区划单元的相对指标很接近，仅少数几个单位的相对值突出时，如果仍采用等差分级，可能会出现某一级的空间分布很大，而有的级别可能会出现很少，甚至空白，此时可采用等比分级的方法。

③其他分级法：在具体应用中，根据数值的分布情况，也采用其他差值分级法，如某省各地级市规模以上工业增加值占地区生产总值的比重等级划分为：<20%，20%~25%，25%~30%，30%~40%，>40%。

3. 等值区域法的特征

①用面状符号的色彩或图案（晕线）表示面状要素的分级特征：等值区域法显示的是区域单元的平均概念，不能反映单元内部的差异，所以，区划单位越小，其内部差异也越小，反映的现象特点越接近实际情况。

②等值区域法是一种概略统计制图方法，因此对具有任何空间分布特征的现象都适用。

③广泛应用于各类专题地图，常与其他地图表示方法结合使用，如等值线法专题地图、分区统计图表法专题地图、点数法专题地图一起表达事物的空间现象。

技能点 4.7.1　人口空间分布图设计及制作

微课：人口空
间分布图设计
及制作

实验数据：人口
空间分布图设计
及制作

【实训目的】

✓ 利用 GeoScene Pro 软件，学习点值法、等值区域法、等级符号法专题地图的制作过程。

【实训准备】

✓ 软件准备：GeoScene Pro 4.0。

✓ 数据准备：人口空间分布图 .gdb、人口空间分布图地理底图 .aprx。

✓ 实训内容：基于人口资料，利用点值法、等值区域法、等级符号法来制作区域人口空间分布图。

【实训过程】

1. 加载数据

①加载地理底图。启动 GeoScene Pro，打开"人口空间分布图地理底图 .aprx"，如图 4.73 所示，并将工程文件另存为"人口空间分布图"。

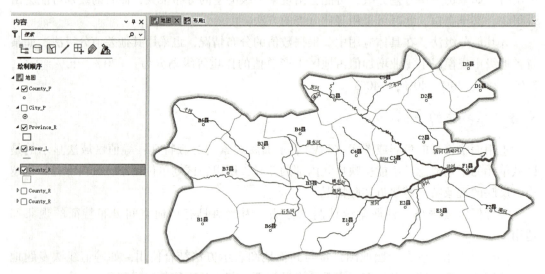

图 4.73　人口空间分布图地理底图

②查看人口属性。在内容窗口中，在"County_R"图层上单击右键，在弹出的快捷菜单中选择【属性表】，打开属性列表，可以查看各区域的人口数量，单位为"万人"。（图 4.74）

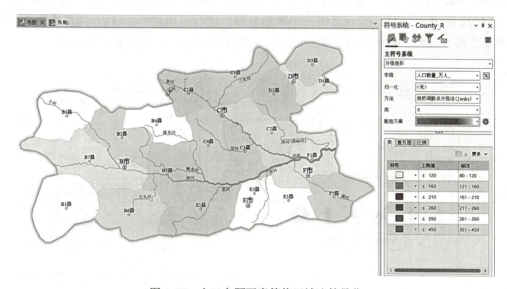

图 4.74 人口数量

2. 人口空间分布图制作

①人口专题要素等值区域法符号化。在进行点数法专题地图制作的同时，可以叠加等值区域法进行专题要素的表达，下面先进行等值区域法符号化设置。在"County_R"图层上单击右键，在弹出的快捷菜单中选择【符号系统】，在窗口右侧的符号系统选项卡中，【主符号系统】选择分级色彩，【字段】选择"人口数量_万人"，分级方法选择自然间断点分级法，设置为6类，并选择合适的配色方案，同时将"County_R"图层的透明度设置为60%，如图 4.75 所示。

图 4.75 人口专题要素等值区域法符号化

在进行地图配置过程中，可以根据个人配色喜好进行选择，但要遵循地图配色基本规范，如等级越高颜色越深，数值越大，颜色越深等。

②人口专题要素点数法符号化。再次加载"County_R"图层，进行点数法符号化，【主符号系统】选择点密度，【字段】设置为人口数量，并设置【点值】为6，即一个点代表6万人，设置点的符号及点的大小，便可查看结果。(图 4.76)

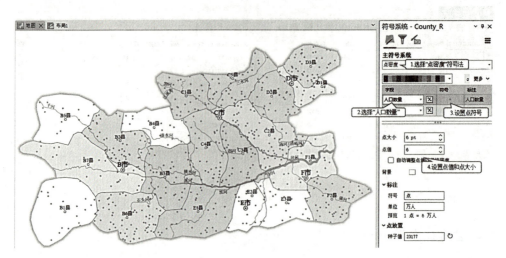

图 4.76　人口专题要素点数法符号化

3. 人口空间分布图优化

①人口专题要素点数法符号化优化。可以将点的符号设置为人的象形符号，以增强地图的直观性和可读性。先将人口象形符号库文件夹中的 iconfont. ttf 字体文件复制至 C 盘→windows→fonts 文件夹下，安装字体文件(iconfont)。在窗口右侧的符号系统中，点击【字体】，找到 iconfont 字体，选择其中一个象形符号，进行应用(图 4.77)。同时根据图面配置效果，进行点大小和点值的设置，设置标注的具体信息，结果如图 4.78 所示。

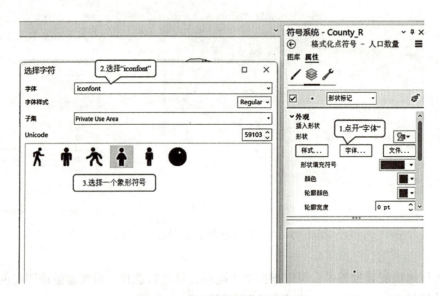

图 4.77　修改点符号为象形符号

②人口专题要素等级符号法符号化优化。在进行点数法专题地图制作的同时，除叠加等值区域法进行专题要素的表达外，还可以再叠加等级符号法一同表达。再次加载

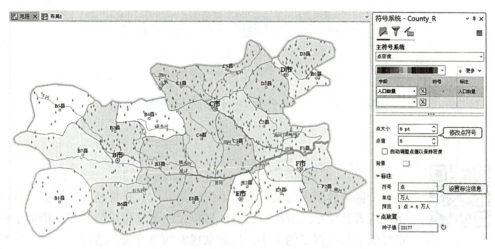

图 4.78 点数法符号化结果

"County_R"要素,【主符号系统】选择分级符号,【字段】为人口数量,设置为 6 类,【模板】处选择合适的点符号,并根据图面的效果,对符号的最大值和最小值进行合理设置,如图 4.79 所示。

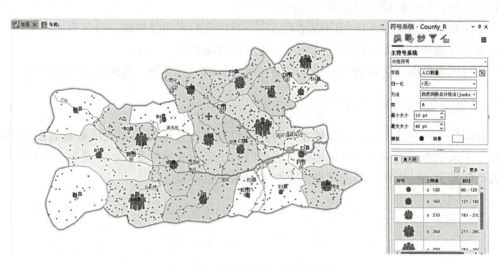

图 4.79 等级符号法符号化结果

③地图整饰与输出。配置图名、比例尺、指北针等要素。

【实训反思】

对于人口空间分布图的符号化设计,你有更好的创意吗?对于地理底图的设计,你是否有更好的方案?

任务 4.8　产业结构分布图设计及制作

知识点 4.8.1　分区统计图表法专题地图

微课：分区统计
图表法专题地图

1. 分区统计图表法的定义

分区统计图表法又称为图形统计图表法，是将制图区域按行政区划单元或者其他单元分区，在各区划单元内配置相应的图表，借助于图形符号的个数或图形的大小，反映某现象的数量及其结构的方法。图形可以是柱状图、圆环图、饼状图，也可以使用一些其他创意图形符号来表达。

2. 分区统计图表法的特征

①既能表示地图要素的质量特征，又能表示数量等级特征，特别是能较为精确地表示出数值特征，但不能精确地反映事物的地理分布。

②区划单元越大，各区划内情况越复杂，对现象的反映越概略。分区也不能太小，否则会因分区面积较小而难以描绘统计图表及其内部结构。

③分区统计图表法对底图的要求是必须有正确的区划界线，其他要素可以简略。

3. 分区统计图表法的应用

分区统计图表法广泛应用于国家各行各业发展之中。应用图形表示数量有两种方法：一是每个区划单元内画上相似的图形，图形的大小表示数量的多少；二是每个区划单元内画若干同样大小的图形，借助图形的多少来表示数量差异。

技能点 4.8.1   产业结构分布图设计及制作

【实训目的】

✓ 利用 GeoScene Pro 软件学习分区统计图表法专题地图的制作过程。

微课：产业结构分布图设计及制作

【实训准备】

✓ 软件准备：GeoScene Pro 4.0。

✓ 数据准备：产业结构分布图 .gdb、产业结构分布地理底图 .aprx。

实验数据：产业结构分布图设计及制作

✓ 实训内容：分区统计图表法专题地图实践应用。基于产业结构数据，利用分区统计图表法和等值区域法制作区域产业结构空间分布图。

【实训过程】

1. 加载数据

①加载地理底图。启动 GeoScene Pro，打开"产业结构分布地理底图 .aprx"，如图 4.80 所示，并将该工程文件另存为"产业结构空间分布图"。

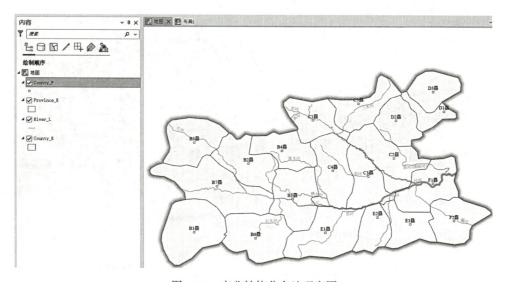

图 4.80   产业结构分布地理底图

②查看产业结构属性。在内容窗口中，在"County_R"图层上单击右键，在弹出的快捷菜单中选择【属性表】，打开属性列表，可以查看各区域不同产业的产值，单位为"万元"。（图 4.81）

	OBJECTID *	Shape *	SmUserID	省	市	县	Shape_Length	Shape_Area	人口数量	第一产业	第二产业	第三产业
1	1	面	0	A省	B市	B7县	3.11172	0.355851	150	50	300	265
2	2	面	0	A省	B市	B1县	2.110111	0.303183	120	30	100	240
3	3	面	0	A省	B市	B2县	2.210357	0.21405	350	20	120	80
4	4	面	0	A省	B市	B3县	2.099296	0.236046	200	45	110	90
5	5	面	0	A省	B市	B4县	1.935493	0.170526	100	60	100	90
6	6	面	0	A省	B市	B5县	1.939427	0.222621	80	50	60	120
7	7	面	0	A省	B市	B6县	2.158929	0.260769	400	40	80	60
8	8	面	0	A省	D市	D1县	1.677927	0.076964	140	25	35	45
9	9	面	0	A省	D市	D2县	1.597478	0.160795	200	35	100	200
10	10	面	0	A省	D市	D3县	1.483534	0.145046	300	15	50	60

图 4.81　各县域不同产业产值

2. 产业结构分布图制作

①产业结构分区统计柱状图符号化。分区统计图表法中有柱状图、堆叠图和饼状图三种表示方法，先利用柱状图表达法进行符号化。在"County_R"图层上单击右键，在弹出的快捷菜单中选择【符号系统】，在窗口右侧的符号系统选项卡中，【主符号系统】选择图表，【图表类型】选择条形图，并依次添加第一产业、第二产业、第三产业，同时对不同产业的条形图颜色和条柱的宽度、最大条柱长度进行设置，也可以将其设置为 3D 柱状图符号，如图 4.82 所示。（在进行地图配置过程中，可以根据个人配色喜好进行选择，根据图面的效果设置条柱宽度和最大条柱长度。）

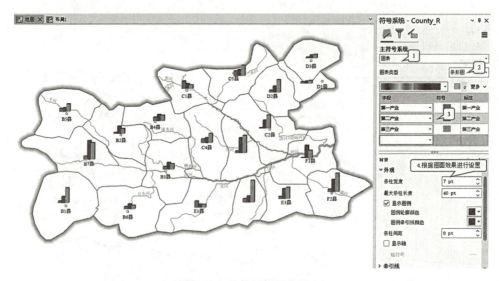

图 4.82　柱状图符号化设置

②产业结构分区统计饼状图符号化。在"County_R"图层上单击右键，在弹出的快捷菜单中选择【符号系统】，在窗口右侧的符号系统选项卡中，【主符号系统】选择图表，

【图表类型】选择饼图，对饼图【外观】中的【大小类型】选择所选字段总和，如图 4.83
所示。

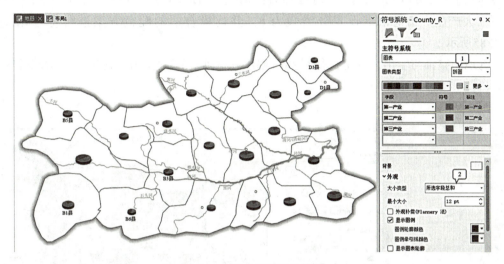

图 4.83　饼状图符号化设置

③产业结构堆叠图符号化。在"County_R"图层上单击右键，在弹出的快捷菜单中选
择【符号系统】，在窗口右侧的符号系统选项卡中，【主符号系统】选择图表，【图表类型】
选择堆叠图，对堆叠图【外观】中的【大小类型】可以选择所选字段总和，如图 4.84 所示。

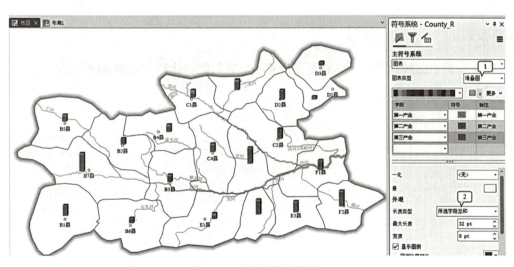

图 4.84　堆叠图符号化设置

3. 产业结构分布图优化

①结合等值区域法进行优化。在使用分区统计图表法进行专题要素表达的时候，可
以叠加等值区域法一同进行。下面进行等值区域法符号化设置。

②利用等值区域法符号化对区域的生产总值进行符号化。在"County_R"图层上单击右键，在弹出的快捷菜单中选择【符号系统】，在窗口右侧的符号系统选项卡中，【主符号系统】选择分级色彩，【字段】选择右侧的 ⊠，打开表达式构建器，在表达式框中填写三大产业产值总和。设置分类数为 6，并选择合适的配色方案进行符号化，如图 4.85 所示。

③地图整饰与输出。设定比例尺和图幅纸张大小，配置图名、比例尺、指北针等要素。（图 4.86）

图 4.85　分级色彩符号化

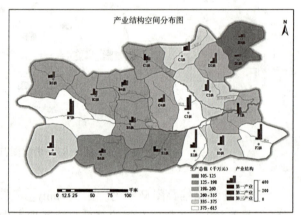

图 4.86　产业结构空间分布图

【实训反思】

对于实训中的统计图表，你有更多创意吗？它们能够让符号更加新颖美观吗？

【思政小讲堂】

保护国家地图数据，是我们每个人的义务和责任

地图承载了地理信息，一个国家的详细地理信息数据是最高机密，涉及民族根本利益和国家安全，甚至是国家主权，要加强涉密地图的保密管理。

那么，需要我们做什么呢？

第一，安全专员妥善保管资料，建立资料的外出、收回登记制度；

第二，严禁擅自复制、转让或转借涉密地图；

第三，严禁在非涉密计算机上处理、存储涉密地图；

第四，严禁未经批准擅自对外提供涉密测绘成果，包括在互联网上展示传输；

第五，如发现泄密、失密事件，应拨打 12339 及时上报。

保护国家地图数据，是我们每个人的义务和责任。

二维动画：保护国家地图数据，是我们每个人的义务和责任

思考题

1. 专题地图表示的主要特点是什么？

2. 专题地图编制的一般过程是什么？

3. 在专题地图中，地理底图的作用是什么？

4. 表达专题要素质量特征的主要表示方法有哪些？

5. 表达专题要素数量指标的主要表示方法有哪些？

6. 请举例阐述多种表示方法配合绘制一幅专题地图。

项目 5　三维专题地图制作及应用

项目概述

　　本项目先介绍三维场景基本概念，接着在 GeoScene Pro 软件平台中，以智慧城市、智慧园区、智慧管线和海洋温度为案例进行三维场景模型构建与分析，熟悉三维场景的应用。

学习目标

≫ 知识目标 ≪

✓ 掌握三维场景的基本概念。
✓ 了解三维场景的基本元素。

≫ 技能目标 ≪

✓ 熟练操作 GeoScene Pro 软件的三维场景工具。
✓ 熟练使用 GeoScene Pro 软件进行三维场景构建。
✓ 熟练使用 GeoScene Pro 软件进行三维模型构建。
✓ 熟练使用 GeoScene Pro 软件进行三维分析。

≫ 素养目标 ≪

✓ 具备地理要素表达的创新能力。
✓ 更加了解地理信息技术、地图制图技术在社会生活中的应用，增强专业应用能力，增加专业自信，提高社会责任感。

任务5.1　认识三维场景及基本元素

知识点5.1.1　三维场景及基本元素介绍

1. 三维场景的概念

三维场景就是用虚拟化技术手段来真实模拟出现实世界的各种物质形态、空间关系等信息。三维空间包括椭球体(球体)和平面。椭球体(或球体)场景是指以椭球体(或正球体)对地球表层的场景进行模拟展示的三维场景(图5.1(a))。平面场景将地球球面展开成平面，模拟整个大地，以一个平面的形式进行场景展示(图5.1(b))。

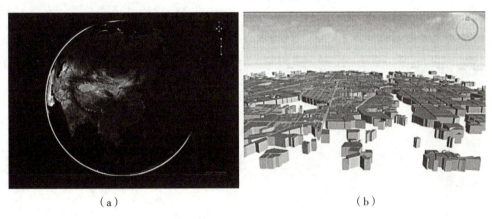

(a)　　　　　　　　　　　　　　　　　(b)

图5.1　三维场景

2. 三维场景的参数

三维场景的参数可以控制场景视角，了解三维场景性能信息。

视场角模式：横向与纵向。

相机视角：显示屏的视角范围，视角越小显示窗口范围相对越小，同时看到远处的事物越清晰。

帧率信息：显示场景的帧率统计信息，平均帧率越大，场景浏览越流畅。

3. 二三维一体化

地理信息的本质是在以直观的方式表达现实世界的基础上，对各类信息进行查询、分析、处理和展现，以便人们进行科学决策。经过十多年的发展，二维GIS技术在业务管理和工作效率提升上的优越性已经得到广泛认可，并在国内数十个行业成功应用。

　　随着计算机技术的发展和二维地图行业应用的深入，人们逐渐表现出使用三维场景展现真实世界的渴望，且三维场景在军事的作战指挥、电子沙盘及地形仿真、数字城市、房地产展示、环保与气象中的专题分析与仿真、城市微气候和大气污染模拟、地质与地下管线等领域有着越来越明显的优越性和不可替代性。

　　当前三维场景制图已不仅是一种流行技术，更进入了实用化和产业化阶段。三维 GIS 技术的快速发展正引领着新一代 GIS 技术的重大变革。然而，相较于三维场景制图，二维地图具有表达简洁、抽象性强、综合度高等优势。在可预见的未来，单一的二维地图难以满足发展需要，同样，单独的三维场景目前也无法完全满足应用要求。因此，发展二三维一体化的制图技术，而非孤立的三维场景制图，才是 GIS 软件未来的发展方向。具备二维三维一体化特点的地图，无论称它为二维地图或三维场景都是不全面的，这就需要引入一个新的概念——真空间。

　　真空间是相对于纸空间而言的。所谓纸空间，是指投影以后的纸图坐标空间。所谓真空间，是指三维地理空间和基于地理球面或椭球面的二维地图空间。

技能点 5.1.1   认识 GeoScene Pro 中的三维场景

【实训目的】

✓ 学习 GeoScene Pro 软件平台中三维场景的基本内容，认识三维
场景中的基本元素。

微课：认识 GeoScene Pro 中的三维场景

【实训准备】

✓ 软件准备：GeoScene Pro 4.0。
✓ 数据准备：philadelphia. mspk。
✓ 实训内容：GeoScene Pro 软件平台中三维场景的基本内容，认识
三维场景中的基本元素。

实验数据：认识 GeoScene Pro 中的 三维场景

【实训过程】

①启动 GeoScene Pro，创建空模板工程，如图 5.2 所示。

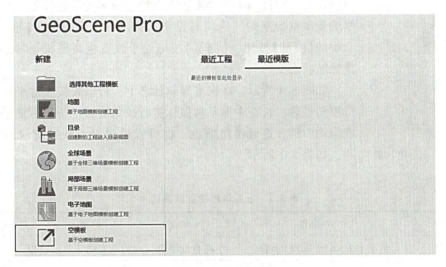

图 5.2   创建工程

②加载场景文件。在【插入】菜单中，点击【导入地图】按钮。在弹出的【导入】对话框
中，选择"philadelphia. mspk"文件，点击【确定】，导入场景文件，如图 5.3 所示。

③数据图层。导入完成后可以查看工程中创建了一个全局场景，在内容窗格中，该全
局场景 Scene 把数据图层划分为三大类别：3D 图层、2D 图层和高程表面。实际上，还有
"独立表"这一大类，由于此类数据图层不在场景中渲染，GeoScene Pro 默认不显示此大
类。二维叠加内容显示在内容窗格的"2D 图层"类别中，所有三维内容位于"3D 图层"类
别中。在添加数据时，GeoScene Pro 软件会自动根据数据是否具备三维特征，自动添加在
相应的类别中。"高程表面"类别特指 DEM 类型的栅格数据集，例如像素值表示高程的单

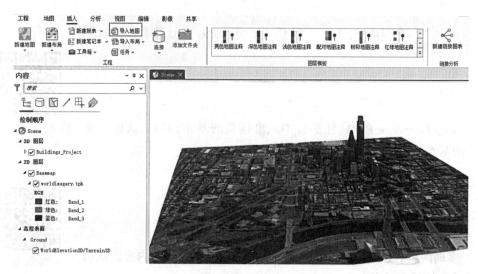

图 5.3 导入场景文件

波段栅格数据，以及压缩类型为 LERC 的栅格切片数据集。

④三维导航。在 GeoScene Pro 中，鼠标有多种功能状态，包括空间选择、数据编辑、要素折点选择、布局元素选择等。在进行三维场景浏览导航时，应将其设置为标准导航，即点击【地图】选项卡中的【浏览】按钮，【浏览】按钮处于浅蓝色高亮状态时，就是标准导航状态。

如图 5.4 所示，在标准导航状态下，可以长按左键平移鼠标进行视角平移，长按中键平移鼠标进行视角旋转，长按右键平移鼠标或滚动中键，进行视角缩放。也可以通过键盘快捷键进行视角控制，如表 5.1 所示。

图 5.4 鼠标键功能

表 5.1　三维导航键盘快捷键

键盘	操作	注释
P	从正上方向下(垂直)观看	将自动平移，变为垂直向下显示数据
N	将视图调整为指向北方	可以重置方向，使其朝向北方
Shift + 拖动	通过绘制矩形放大	
Shift + 单击	使指针位置居中并放大	
Ctrl + 单击	以指针位置为视图中心	照相机会转向中心并显示该位置
W	在 3D 场景中，向上倾斜照相机	类似于从固定点倾斜照相机
S	在 3D 场景中，向下倾斜照相机	类似于从固定点倾斜照相机
A	逆时针旋转视图	此行为是照相机倾斜或视图旋转
D	顺时针旋转视图	此行为是照相机倾斜或视图旋转

⑤照相机与导航器。视角控制实际上是指改变三维场景中的相机参数。在三维场景中，相机扮演着"观察者"的角色，决定了我们从哪里观察场景以及看到的画面效果。相机可以分为透视相机和正交相机，GeoScene Pro 在三维场景中默认使用透视相机，在二维场景中使用正交相机。因此，即便在三维场景中垂直向下观察相同二维数据（快捷键 P），显示效果也与二维场景有所区别，会存在一定程度的透射畸变。点击【视图】菜单中的【照相机】，场景视图中会出现"照相机"窗口，这里动态记录了当前相机的参数。通过鼠标或场景视图左下角的"导航器"浏览场景时，可以看到"照相机"参数的变化。（图 5.5）

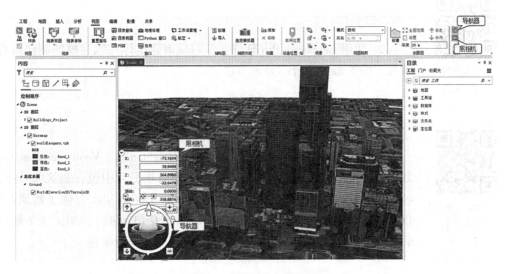

图 5.5 照相机与导航器

⑥标准高度。三维场景中使用的是透视相机，因此二维地图下的比例尺在三维场景中并无意义。在三维场景视图窗口中，左下角的动态值，由二维地图中的比例尺替换显示为标准高度值。（图 5.6）

图 5.6 标准高度

任务 5.2 智慧城市专题地图制作及应用

技能点 5.2.1 智慧城市三维场景构建

微课：智慧城市
三维场景构建

实验数据：智慧城
市三维场景构建

【实训目的】

✓ 利用 GeoScene Pro 软件，学习城市建筑体三维建模的制作过程，掌握二维矢量数据升维处理方法。

【实训准备】

✓ 软件准备：GeoScene Pro 4.0。

✓ 数据准备：City3D. gdb、buildingHeight. xlsx、VeniceFacades. rpk。其中 building 数据是某城市的二维矢量面数据，其中包含建筑编号字段（ID 字段），存储在 City3D. gdb 中；buildingHeight. xlsx 存储了建筑高度信息表，包含建筑编号信息（ID）和高度信息（Height），如图 5.7 所示；VeniceFacades. rpk 为快速构建带贴图模型的建模规则包。

building ×				
字段： 添加 计算 选择： 按属性选择 缩放至				
OBJECTID *	Shape *	ID	Shape_Length	Shape_Area
1 1	面	00001	0.000438	0
2 2	面	00002	0.000415	0
3 3	面	00003	0.00039	0
4 4	面	00004	0.001117	0
5 5	面	00005	0.00081	0
6 6	面	00006	0.001445	0
7 7	面	00007	0.001504	0
8 8	面	00008	0.000424	0
9 9	面	00009	0.000804	0

	A	B	C	D
1	ID	Height		
2	00001	6		
3	00002	6		
4	00003	6		
5	00004	6		
6	00005	6		
7	00006	6		
8	00007	6		
9	00008	6		
10	00009	6		
11	00010	6		
12	00011	6		
13	00012	6		
14	00013	6		
15	00014	6		

height

图 5.7 数据内容

✓ 实训内容：对城市建筑进行三维拉伸建模和显示，并叠加在线天地图浏览城市场景。

【实训过程】

①启动 GeoScene Pro，创建局部场景工程，将其命名为"智慧城市三维场景构建"。

②加载 building 建筑底面数据和建筑高度数据。在目录窗格数据文件夹，点击"City3D. gdb"下的"building"要素类，将其拖动到窗口中。重复同样操作，加载

"buildingHeight. xlsx"下的"height"工作簿，结果如图 5.8 所示。

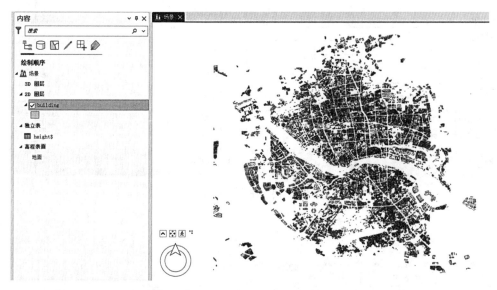

图 5.8 加载建筑底面数据及建筑高度数据

③连接高度数据。打开 building 数据的属性表，在属性表窗口中，点击右上角的 ☰ 按钮，依次点击【连接和关联】—【添加连接】，如图 5.9 所示。

图 5.9 打开连接工具

在弹出的【添加连接】对话框中，【连接表】参数选加载进来的"height $"表图层，【输入连接字段】以及【连接表字段】参数均设置为"ID"，勾选【创建连接字段索引】，点击【确定】。运行结束后，可以看到"building"图层属性表中新增了 ID 和 Height 两个字段。(图 5.10)

④building 建筑底面数据三维拉伸。选中"building"要素图层，在浮动选项卡【要素图层】中，点击【拉伸】功能组中的【类型】，在下拉选项中选择【基本高度】，并在【字段】下拉选项中选择"height"字段，即完成三维数据拉伸(图 5.11)，拉伸结果如图 5.12 所示。

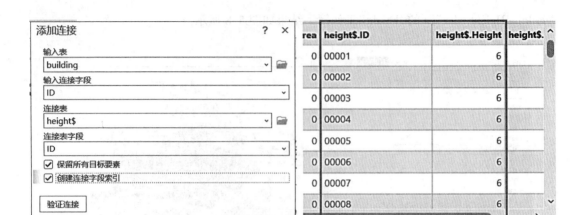

图 5.10　连接高度数据

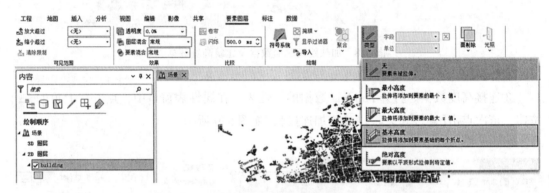

图 5.11　三维数据拉伸

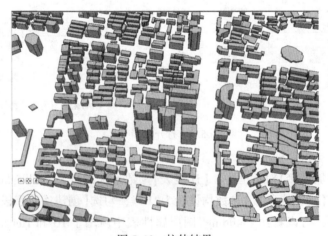

图 5.12　拉伸结果

⑤选中需要贴图的建筑物模型。在【地图】选项卡中，点击【选择】按钮，在三维场景中，单击鼠标左键并拖动，选择需要贴图的三维模型。(图 5.13)

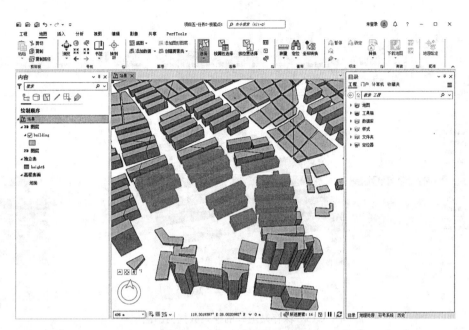

图 5.13　选中需贴图的三维模型

⑥对选中的建筑物模型进行要素转换。在【分析】选项卡中，点击【工具】按钮，在打开的【地理处理】窗格中，依次点击【三维分析工具】—【3D 要素】—【转换】—【基于 CityEngine 规则转换要素】，在打开的【基于 CityEngine 规则转换要素】工具窗格中，"输入要素"参数选择 building 图层，"规则包"参数选择 VeniceFacades. rpk 文件，其他参数保持默认。（图 5.14）

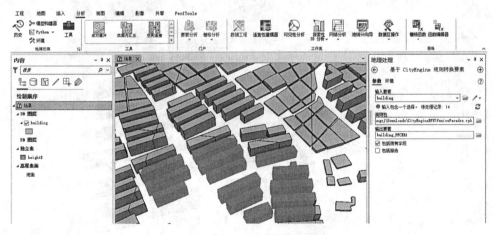

图 5.14　基于 CityEngine 规则转换要素类

⑦将选中建筑物数据单独保存为一个图层。在内容窗格中，选择"building"图层，在活动选项卡【数据】中，点击【切换】进行反选，再点击【根据选择创建】，可创建新图层"building 选择"。（图 5.15）

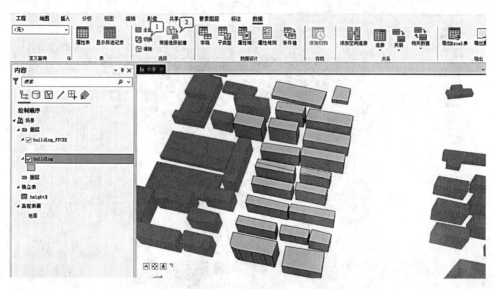

图 5.15　保存贴图外的建筑数据为新图层

⑧浏览贴图效果。关闭"building"图层，打开"building 选择"和"building_FFCER"图层，至此完成全局白膜和局部带贴图模型的快速搭建过程(图 5.16)。点击【地图】选项卡中的【浏览】按钮，即可通过鼠标进行三维场景浏览。

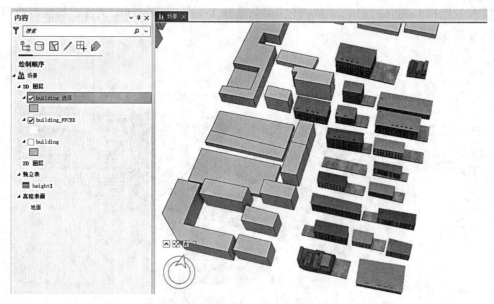

图 5.16　浏览贴图效果

⑨加载天地图作为底图。点击【地图】选项卡，点击【底图】—【天地图影像】，即可完成天地图影像地图的添加，查看三维场景效果。(图 5.17)

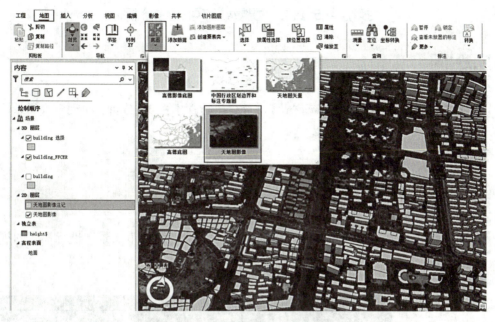

图 5.17   添加天地图影像作为底图

【实训反思】

在其他软件中生成的三维模型可以导入 GeoScene Pro 软件中吗？

技能点 5.2.2　智慧城市可视性分析

微课：智慧城市
可视性分析

实验数据：智慧
城市可视性分析

【实训目的】

✓ 利用 GeoScene Pro 软件进行探索性 3D 分析，实现三维场景视线的视域分析功能。

【实训准备】

✓ 软件准备：GeoScene Pro 4.0。

✓ 数据准备：philadelphia. mspk。

✓ 实训内容：基于已经构建好的三维城市场景，进行视线的视域分析，如图 5.18 所示。

图 5.18 彩图

图 5.18　视域分析案例

【实训过程】

1. 加载三维场景

①启动 GeoScene Pro，创建空模板工程。

②在"插入"选项卡中，点击【导入地图】按钮。在弹出的【导入】对话框中，选择"philadelphia. mspk"移动场景包文件，点击【确定】。

2. 视线分析

①点击【分析】选项卡，点击【探索性 3D 分析】，在下拉选项中选择【视线】。

②在弹出的探索性分析—视线窗格中，【创建】标签页保持默认设置，【创建方法】选择"交互式放置"，"目标点"为"单个"，【属性】标签页的设置如图 5.19 所示。

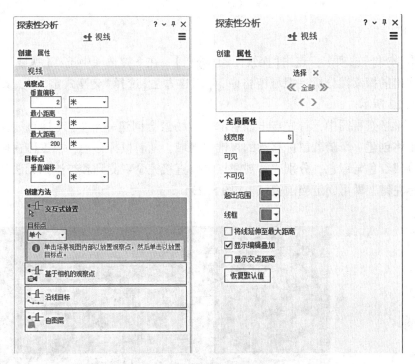

图 5.19　视线分析参数

③在三维场景视图中，首先点击任意位置，场景会创建一个菱形图标来表示观测点，此时鼠标图标更改为球形图标，表示目标点，同时会有一个连接观测点与目标点的线段。随着鼠标在场景中的移动，当观测点与目标点之间存在遮挡物时，线段会用不同的符号表达，其中线段绿色部分表示可观测无遮挡部分，红色部分表示被遮挡无法观测部分，白色部分表示超出最大距离部分。双击鼠标，即可将目标点固定，完成当前视线构建。（图5.20）

④在【属性】标签页中，点击【全部】，再点击■按钮，即可清除视线，如图5.21所示。

图 5.20　创建视线

图 5.21　清除视线

175

3. 视域分析

①点击【分析】选项卡，点击【探索性 3D 分析】，在下拉选项中选择【视域】。

②在弹出的探索性分析—视域窗格中，【创建方法】选择"交互式定向"，其余保持默认，如图 5.22 所示。

③在三维场景视图中，首先点击任意位置，场景会创建一个菱形图标来表示观测点，此时场景中将创建一个随着鼠标移动的视锥体视域，随着鼠标移动，视锥体视域内的三维模型将被分成红色与绿色，分别表示观测点可以直接完全观测到和被遮挡无法观测到。再次单击鼠标左键，即可固定当前视域。（图 5.23）

图 5.22　创建视域　　　　　　　图 5.23　视锥体视域

④在三维场景中，点击观测点菱形图标，在【属性】标签页中，可通过视域角度、视域距离调整当前所选视锥体视域的大小、方位。点击█按钮，即可清除视域。

【实训反思】

视域分析可以用在什么领域？请举例说明。

任务 5.3　智慧园区专题地图制作及应用

技能点 5.3.1　智慧园区三维场景构建

微课：智慧园区
三维场景构建

【实训目的】

✓ 利用 GeoScene Pro 软件学习三维地图的制作过程。

【实训准备】

✓ 软件准备：GeoScene Pro 4.0 及以上版本。

✓ 数据准备：data. gdb、texture 纹理贴图素材、规则包。

✓ 实训内容：对园区进行三维符号化表达，为园区内的办公楼宇、树木、道路、水池等地理实体进行三维地理信息场景构建。

实验数据：智慧园
区三维场景构建

【实训过程】

1. 创建三维场景

①将数据添加到三维场景。在数据库 data. gdb 中选中所有要素图层，单击右键，在弹出的快捷菜单中选择【添加到新建项】—【局部场景】，如图 5.24 所示。

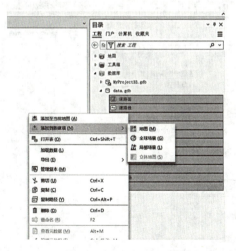

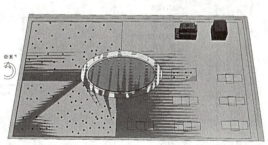

图 5.24　添加实验数据至场景

②设置显示单位，在内容窗格中依次选择所有图层，单击右键，在弹出的快捷菜单中选择【属性】—【显示】—【以实际单位显示 3D 符号】，对所有图层执行本次操作。

（图 5.25）

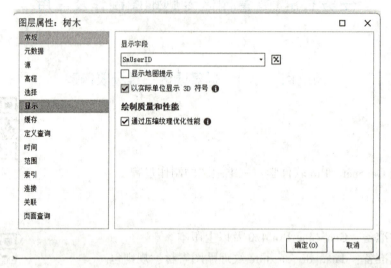

图 5.25　设置图层显示单位

2. 地理实体三维符号化

①添加系统符号库，单击菜单【插入】—【添加】—【添加系统样式】，在弹出的【系统样式】对话框中勾选"3D 交通运输""3D 植被-真实"，单击【确定】按钮，完成系统符号库的添加。（图 5.26）

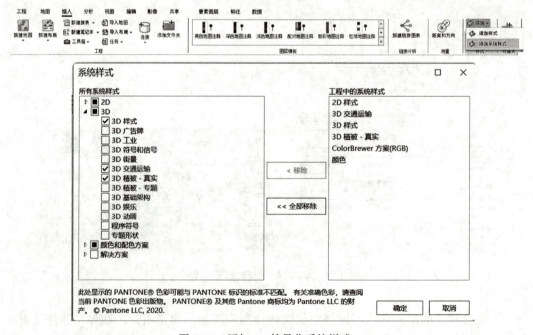

图 5.26　添加 3D 符号化系统样式

②树木三维符号化。在目录窗格中选中"树木"图层后，单击菜单【要素图层】—【符号系统】，在【符号系统–树木】窗格中设置【字段 1】为"树木品"，单击椰子树符号，在【属性】页可以设置符号的大小、角度、晕眩等效果，如图 5.27 所示。

使用同样的方法设置白杨木、白柳的符号化，结果如图 5.28 所示。

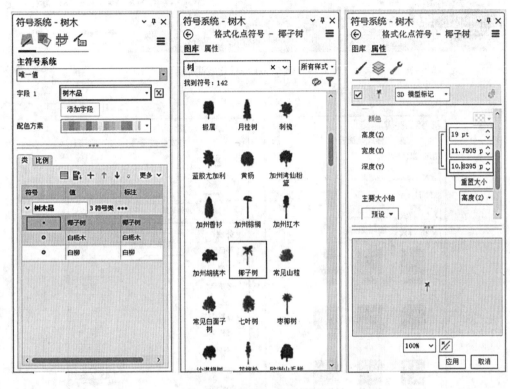

图 5.27　树木 3D 符号化设置

图 5.28　树木 3D 符号化效果展示

③汽车三维符号化。与树木三维符号化同样的操作，选择【3D 交通运输】中"汽车"的三维符号，并调试符号大小和符号颜色，结果如图 5.29 所示。

④道路三维符号化。与树木三维符号化同样的操作，设置"道路面"图层符号化，选择【3D 样式】中的"柏油路"，选择"路线"图层，设置线符号化，选择符号属性，设置【外观】中的【颜色】【宽度】【虚线类型】等属性，如图 5.30 所示。

图 5.29 汽车 3D 符号化效果展示

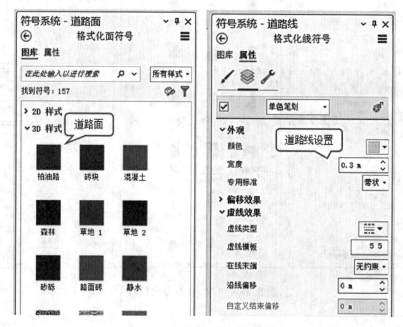

图 5.30 道路三维符号化

最终效果如图 5.31 所示。

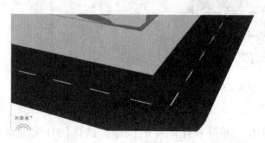

图 5.31 道路三维符号化结果

⑤水面三维符号化。选择【3D 样式】中"海水""浑水""热带水域"中的任意一种，可在【属性】中设置"颜色""水体大小""波向""波强度"等信息。如遇到破面情况，可在图层

属性中设置高程，即单击【图层属性】—【高程】—【相对地面高度处】—设置高程值 0.1。（图 5.32）

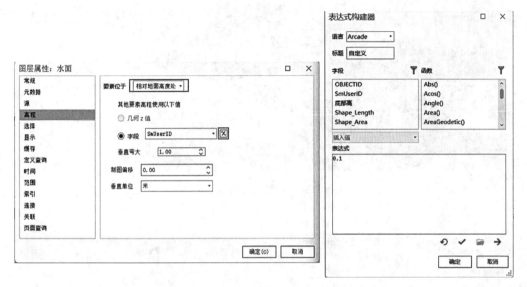

图 5.32　设置水面相对高程

结果如图 5.33 所示。

图 5.33　水面符号化结果

⑥停车场三维符号化。对"停车场"的面状数据进行符号化，方法是选择【图片填充】，单击【图片】，在弹出的对话框中选择数据包 texture 中的 parking.jpg，设置大小为 9m，结果如图 5.34 所示。

⑦地面和绿地三维符号化。与停车场三维符号化的方法类似，对地面和绿地进行三维符号化：选择 texture 中的 ground.jpg、grass.jpg 作为地面纹理和绿地纹理，纹理大小设置依据显示效果自由调整。（图 5.35）

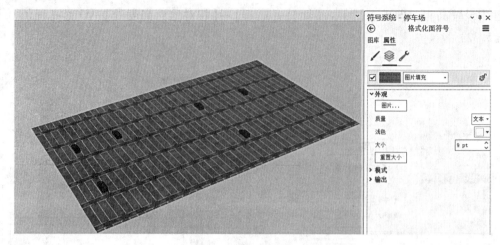

图 5.34　停车场符号化结果

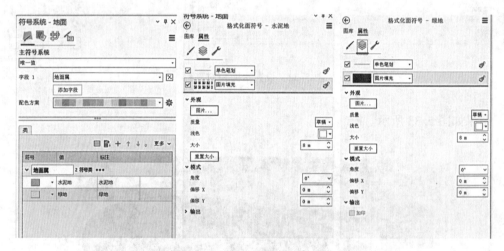

图 5.35　设置地面和绿地符号化

地面和绿地符号化结果如图 5.36 所示。

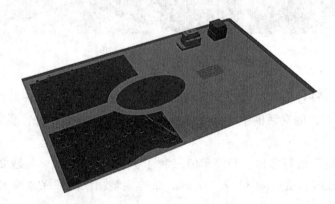

图 5.36　地面和绿地符号化结果

⑧水池三维符号化。选择 texture 中的 ground1. jpg 作为水池纹理。设置水池模型拉伸：单击"水池"图层，选择功能区菜单【要素图层】—【类型】—【基本高度】，单击【拉伸表达式】，设置表达式"（ $ feature. 底部高+ $ feature. 拉伸高）* 0. 2"。（图 5.37）

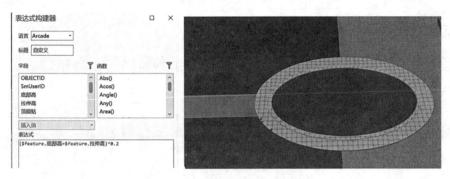

图 5.37　水池模型拉伸及纹理设置

⑨建筑物三维符号化。在符号化属性页面，选择【程序填充】，单击【规则】，在弹出的对话框中选择数据目录 Building_From_Footprint. rpk。设置 Evea_Ht 高度为 40m，点击应用，生成随机的建筑楼层，在 Usage 中可以设置楼层类型，调整建筑外观。（图 5.38）

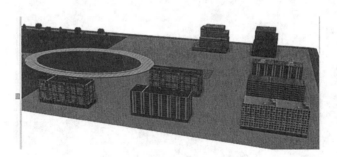

图 5.38　建筑模型符号化结果

⑩围栏三维符号化。方法同建筑三维符号化，在符号化属性页面，选择【程序填充】，单击【规则】，在弹出的对话框中选择 Fence_On_Polygon_Simple. rpk（图 5.39）。

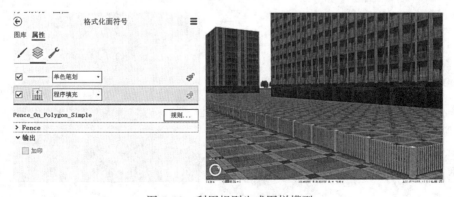

图 5.39　利用规则生成围栏模型

3. 保存三维空间场景和工作空间

选择功能区，单击【共享】—【工程】，设置保存路径、摘要、标签等信息，运行【打包】。

【实训反思】

在三维场景构建中，你觉得哪个环节最复杂？如何简化？

技能点 5.3.2　智慧园区 VR 飞行浏览

【实训目的】

✓ 利用 GeoScene Pro 软件学习三维场景的 VR 飞行浏览。

微课：智慧园区
VR 飞行浏览

【实训准备】

✓ 软件准备：GeoScene Pro 4.0 及以上版本。

✓ 数据准备：智慧园区 .ppkx。

✓ 实训内容：对园区设置飞行路径，实现园区资产的自动浏览
展示。

实验数据：智慧
园区 VR 飞行浏览

【实训过程】

1. 加载场景

启动 GeoScene Pro，双击打开智慧园区 .ppkx，效果如图 5.40 所示。

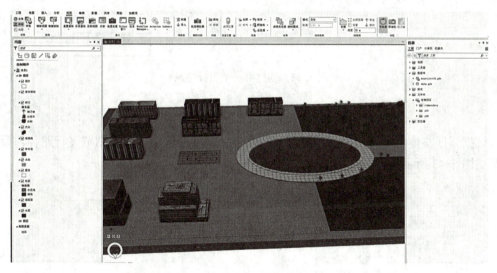

图 5.40　加载智慧园区 .ppkx 工程文件

2. 设置飞行路线

①新建飞行路线。选择功能区，单击【视图】—【动画】—【添加】，打开动画设置功能
模块。（图 5.41）

②设置飞行路径。在三维场景中调整好浏览的视角后，点击【创建第一个关键帧】，
创建第一个飞行站点。（图 5.42）

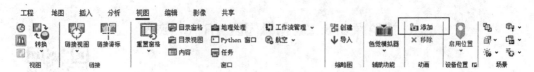

图 5.41　新建飞行路线

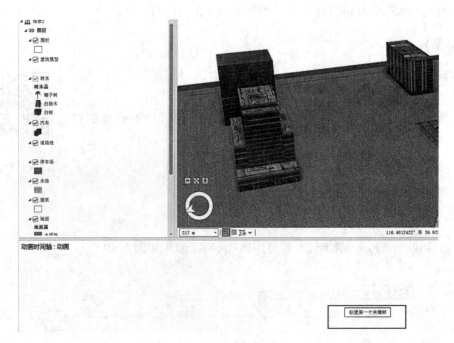

图 5.42　创建第一个飞行站点

　　根据园区整体情况，依次设置其他飞行站点，规划园区资产自动浏览飞行路径，设置情况如图 5.43 所示。

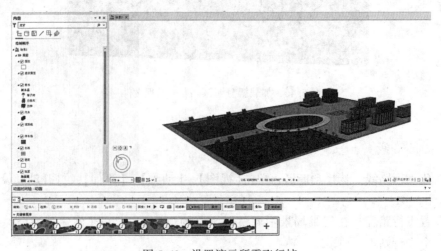

图 5.43　设置演示所需飞行帧

③显示飞行路径和关键帧。选择功能区，单击【动画】—【路径】—【路径和关键帧】。（图5.44）

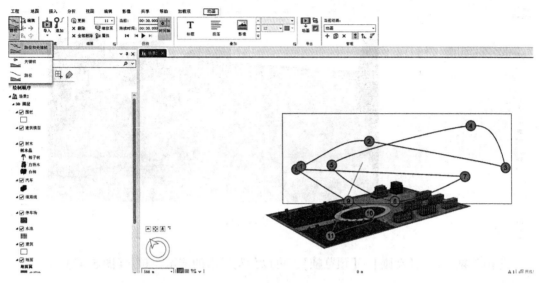

图5.44　设置演示路径和关键帧

④设置相机动画。单击动画帧列表中的动画图标，选择【相机】，设置适合的切换动画。（图5.45）

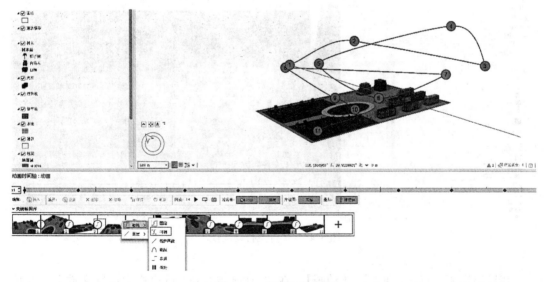

图5.45　设置相机动画

⑤设置飞行速度。在菜单【动画】下，设置持续时间的总长，控制飞行路径中的飞行速度。

⑥自动飞行。点击【播放】，执行自动飞行。（图5.46）

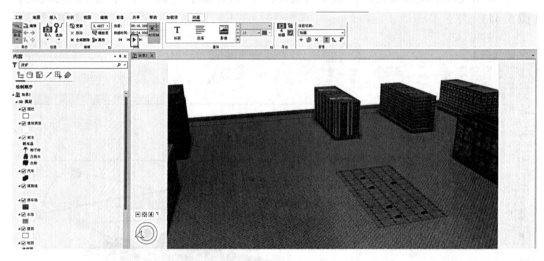

图 5.46　开始运行

⑦预览帧。点击【动画】—【预览帧】，可以预览导出的演示视频。（图 5.47）

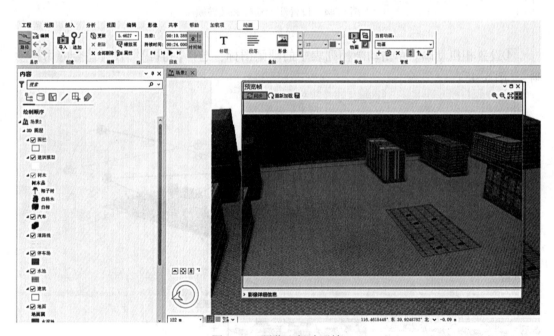

图 5.47　预览飞行动画帧

⑧导出视频。点击【动画】—【动画】，在弹出的【导出动画】窗格中设置文件名、媒体格式、每秒帧率、起始帧、结束帧、开始时间、结束时间、分辨率、视频质量等。设置后单击【导出】，获得高质量演示视频。（图 5.48）

图 5.48　导出飞行动画为演示视频

【实训反思】

三维飞行浏览时设置站点过程中应当注意什么？

任务 5.4　智慧管线专题地图制作及应用

技能点 5.4.1　智慧管线三维场景构建

微课：智慧管线
三维场景构建

实验数据：智慧管
线三维场景构建

【实训目的】

✓ 利用 GeoScene Pro 软件，基于管线探查的二维数据，构建研究区的三维地下管网可视化场景。

【实训准备】

✓ 软件准备：GeoScene Pro 4.0 及以上版本。
✓ 数据准备：data.gdb 与管线.stylx 样式库。
✓ 实训内容：对二维管网数据进行三维数据处理、管井符号化，将管线场景保存为地图包。

【实训过程】

1. 加载数据

启动 GeoScene Pro，将实验数据"data.gdb"添加到新的局部场景。

2. 管线三维建模

①将二维数据转换成三维数据。在实际应用场景中，管网数据都具备埋深数据，本次实验数据为字段 Z，使用【依据属性实现要素转 3D】依次将 PipeLine2D 和 PipePoint2D 转换为 3D 要素类，设置高度字段为 Z。（图 5.49）

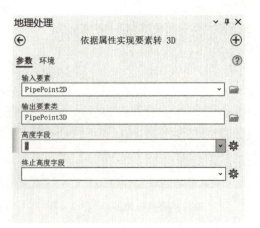

图 5.49　依据属性实现要素转 3D

②设置显示单位。在内容窗格中依次选择所有图层，右击【属性】，在弹出的快捷菜单中选择【显示】—【以真实世界的单位显示 3D 符号】，对所有图层执行本次操作。

③添加管井自定义符号。从 Pro 功能区选择【插入】—【添加】—【添加样式】，在弹出的对话框中选择素材包中的"管线 . stylx"。（图 5.50）

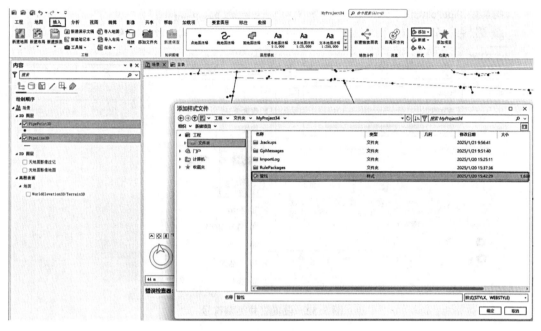

图 5.50　添加管井符号

④管线三维符号化。在目录窗格中单击"PipeLine3D"图层后单击菜单【要素图层】—【符号系统】，选择【单一符号】。点击【属性】，设置管线颜色、宽度等属性，比如管线宽度设置为 0.3m。设置【端头和连接】，将端头类型和连接类型设置为圆头斜接，点击【应用】，管线三维符号化的结果如图 5.51 所示。

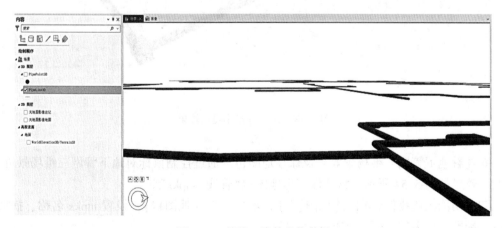

图 5.51　管线三维符号化结果

⑤管井三维符号化。在目录窗格中单击"PipePoint3D"图层后单击菜单【要素图层】—【符号系统】，选择【唯一值】，选择管井类型字段 l_type，分别设置圆井、方井的符号为添加的圆井、方井符号。设置管井符号的大小、偏移值等参数，调整管井显示效果，设置圆井宽度 0.4m，方管宽度 0.7m，"偏移 Z"均设置为−0.2m，如图 5.52 所示。

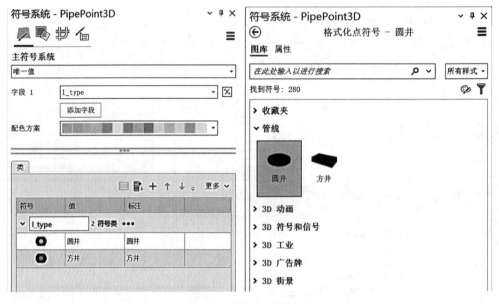

图 5.52　设置管井类型符号

结果如图 5.53 所示。

图 5.53　圆井与方井展示效果

⑥查看地下管网三维场景效果及保存地图包。通过控制鼠标对地下管网三维场景进行浏览，效果如图 5.54 所示，将其保存为地图包"管线 . mpkx"。

⑦在功能区选择【共享】—【地图】—【将场景共享为地图包】，设置 mpkx 名称、摘要、标签等参数，单击【打包】，完成 mpkx 导出。

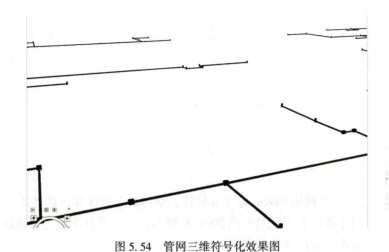

图 5.54　管网三维符号化效果图

【实训反思】

管网设置构建为三维模型的优势是什么？

任务 5.5　海洋温度空间分布图制作及应用

技能点 5.5.1　海洋温度数据分析

微课：海洋温度数据分析

【实训目的】

　✓ 利用 GeoScene Pro 软件，学习具有海洋深度的样本点数据如何通过字段转置形成具有高程的 3D 样本点，并对样本点进行统计分析，得到温度随深度变化的趋势。

【实训准备】

实验数据：海洋温度数据分析

　✓ 软件准备：GeoScene 4.0 及以上版本。

　✓ 数据准备：全球海洋温度数据——woa18_decav_t00mn01.shp；底图图层——世界地形图.lyrx、世界海洋图.lyrx。

　✓ 实训内容：基于全球海洋温度数据和底图资料，进行海洋温度数据分析。

【实训过程】

1. 加载数据并处理

　①双击打开 GeoScene Pro，在【新建】选项卡下，点击【全球场景】以创建新的工程，如图 5.55 所示。

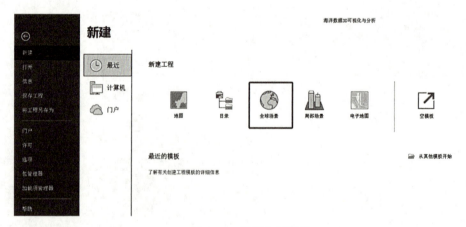

图 5.55　新建全球场景

　②加载数据。依次将 woa18_decav_t00mn01.shp、世界地形图.lyrx、世界海洋图.lyrx 拖到地图窗口，完成数据加载。

③查看数据属性。打开矢量数据属性表，观察数据结构，属性表中的 SURFACE 代表海洋表面，d5M 代表 5 米深度处的水温，如图 5.56 所示。

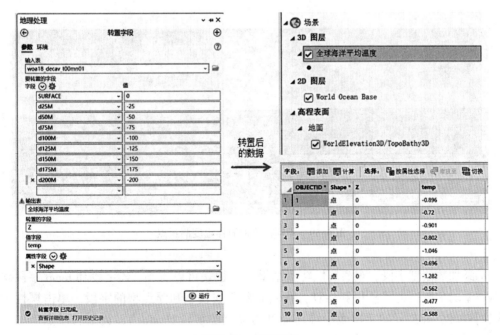

	FID	Shape	SURFACE	d5M	d10M	d15M	d20M	d25M	d30M	d35M	d40M	d45M	d50M	d55M	d60M	d65M	d70M	d75M	d80M	d85M	d90M	d95M	d100M	d12
1	0	点	-0.896	-0.922	-0.942	-0.976	-1.001	-1.046	-1.094	-1.142	-1.202	-1.277	-1.344	-1.404	-1.446	-1.476	-1.489	-1.524	-1.537	-1.54	-1.54	-1.527	-1.532	-1
2	1	点	-0.72	-0.748	-0.763	-0.804	-0.854	-0.905	-0.99	-1.054	-1.111	-1.192	-1.275	-1.311	-1.352	-1.335	-1.359	-1.378	-1.376	-1.368	-1.387	-1.387		-1
3	2	点	-0.901	-0.925	-0.996	-1.088	-1.132	-1.154	-1.215	-1.287	-1.345	-1.382	-1.427	-1.477	-1.507	-1.528	-1.539	-1.554	-1.573	-1.572	-1.55	-1.567	-1.58	-1
4	3	点	-0.802	-0.82	-0.839	-0.873	-0.926	-0.962	-0.965	-1.024	-1.057	-1.065	-1.056	-1.053	-1.41	-1.115	-1.158	-1.201	-1.228	-1.222	-1.227	-1.214	-1.054	-1
5	4	点	-1.046	-1.084	-1.108	-1.204	-1.287	-1.332	-1.346	-1.374	-1.447	-1.467	-1.48	-1.536	-1.535	-1.549	-1.558	-1.556	-1.545	-1.537	-1.548	-1.567	-1.565	-1
6	5	点	-0.696	-0.643	-0.678	-0.776	-0.902	-1.064	-1.177	-1.235	-1.32	-1.38	-1.424	-1.473	-1.504	-1.534	-1.561	-1.566	-1.542	-1.471	-1.492	-1.502	-1.604	-1
7	6	点	-1.282	-1.292	-1.547	-1.561	-1.573	-1.598	-1.616	-1.642	-1.662	-1.671	-1.686	-1.703	-1.714	-1.719	-1.724	-1.734	-1.75	-1.754	-1.743	-1.747	-1.759	-1
8	7	点	-0.562	-0.611	-0.717	-0.793	-0.814	-0.926	-1.142	-1.259	-1.36	-1.395	-1.412	-1.437	-1.466	-1.515	-1.555	-1.573	-1.616	-1.585	-1.586	-1.539	-1.512	-1
9	8	点	-0.477	-0.498	-0.512	-0.524	-0.582	-0.707	-0.938	-1.11	-1.183	-1.265	-1.334	-1.427	-1.513	-1.514	-1.575	-1.606	-1.635	-1.648	-1.646	-1.649	-1.645	-1
10	9	点	-0.588	-0.625	-0.688	-1.316	-1.483	-1.519	-1.516	-1.56	-1.604	-1.608	-1.636	-1.676	-1.721	-1.74	-1.746	-1.751	-1.755	-1.756	-1.745	-1.741	-1.758	-1
11	10	点	-1.282	-1.289	-1.288	-1.504	-1.634	-1.653	-1.678	-1.704	-1.729	-1.745	-1.754	-1.757	-1.771	-1.789	-1.795	-1.799	-1.8	-1.802	-1.814	-1.819	-1.819	-1
12	11	点	-1.158	-1.172	-1.349	-1.552	-1.559	-1.569	-1.592	-1.618	-1.651	-1.682	-1.718	-1.735	-1.747	-1.756	-1.763	-1.758	-1.763	-1.765	-1.766	-1.772	-1.786	-1

图 5.56　属性表

④属性转置。为了将不同深度的样本点在 3D 地图中显示出来，需要使用转置工具，将每个点的深度值和温度值在一行记录中显示出来。在【分析】选项卡下单击【工具】，在工具箱中搜索【转置字段】。【输入表】选择 woa18_decav_t00mn01，每隔 25 米选择一个点的方式选择【字段】，由于表示的是深度，其值对应为负数，如 d25M 的值为-25，输出表为转置成果的输出路径及名称，【转置的字段】设置名称为 Z，【值字段】设置名称为 temp，【属性字段】选择 Shape，表示转置后的数据带有几何信息。(图 5.57)

图 5.57　属性转置

195

⑤3D 图层制作。在图层 woa18_decav_t00mn01 上右击，在弹出的快捷菜单中选择【属性】，点击【高程】，【要素位于】选择绝对高度处，垂直夸大设置为 10（这是为了让点要素在垂直方向上距离更加明显），【字段】选择自定义，点击右面的公式窗格，在【表达式构建器】中将 Z 字段值作为高度。（图 5.58）

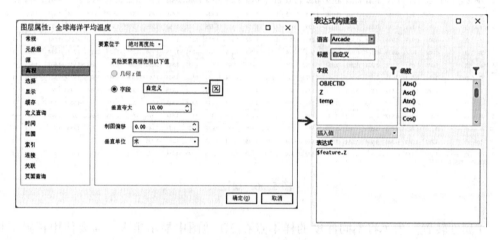

图 5.58　修改图层高度

⑥浏览 3D 地图。在功能区【地图】选项卡的【导航】组中，单击【浏览】按钮进行旋转、倾斜、平移和缩放，并观察不同位置和深度处的温度测量点。若鼠标带有滚轮键，则单击滚轮键可在 3D 模式下旋转和倾斜。单击可以进行平移；右键单击可以进行缩放。（图 5.59）

图 5.59　不同深度的海洋温度测量点

⑦添加数值型字段。观察属性转置结果的属性表可以看到，Z 字段和 temp 字段均为文本类型的字段。为了分析和运算，我们需要添加整型和浮点型的字段。单击属性表的【添加】功能，在打开的字段表中添加类型为整型的字段"zvalue"、类型为浮点型的字段"tempvalue"（图 5.60）。在【字段】选项卡中点击【保存】。

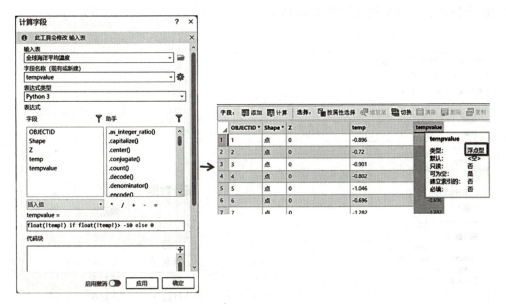

图 5.60 添加字段

⑧字段计算。选择"tempvalue"字段，点击属性表中的【计算】，使用 python 表达式，在"tempvalue ="表达框中输入公式"float(！ temp！) if float(！ temp！)＞ -10 else 0"（使用三元表达式进行条件判断，去除 temp 中 -999 的异常值），点击"应用"。（图 5.61）

图 5.61 温度字段赋值

2. 统计与分析

①创建直方图。在"全球海洋"图层上单击右键，在弹出的快捷菜单中点击【创建图表】—【直方图】，随即出现直方图页面，点击页面中的【属性】按钮，对直方图进行设置。（图 5.62）

②直方图设置。【数量】选择"tempvalue"字段，【存在变换】默认选择【无】，直方图将在视窗中加载。（图 5.63）

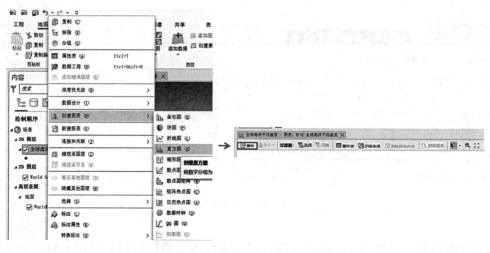

图 5.62　打开直方图属性配置页面

③观察直方图和统计数据。观察统计数据可知，全球海洋平均温度分布在[-2.41，30.56]范围内，其分布规律如图 5.64 所示。

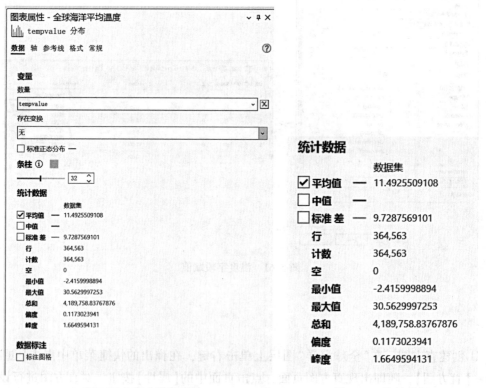

图 5.63　直方图设置　　　　　图 5.64　统计数据

④创建散点图。海洋温度和深度有怎样的关系呢？可以创建散点图以发现二者的规律。在全球海洋图层上右键单击，在弹出的快捷菜单中点击【创建图表】—【散点图】

（图 5.65），随即出现散点图页面，点击页面中的【属性】按钮，对散点图进行设置。

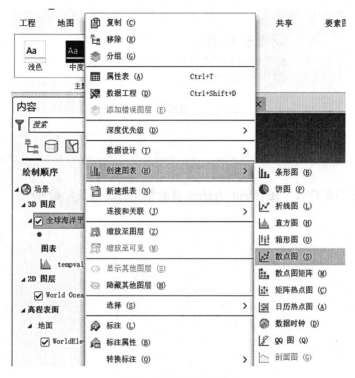

图 5.65　创建散点图

⑤设置散点图。将【X 轴-数量】设置为 zvalue，【Y 轴-数量】设置为 tempvalue，并勾选"显示线性趋势"，散点图和趋势线随即显示在散点图页面。（图 5.66）

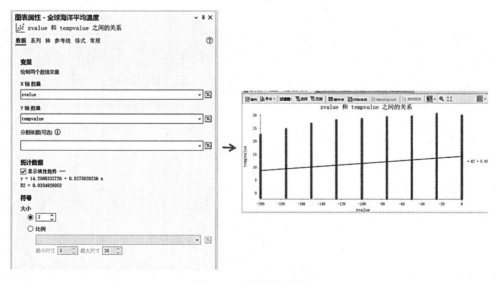

图 5.66　设置散点图

⑥分析海洋温度随深度的变化趋势。由趋势线公式系数为 0.0335 可知，平均海洋深度每上升 1 米，温度上升 0.0335 摄氏度。(图 5.67)

☑ 显示线性趋势 ─
y = 14.2508332726 + 0.0275828236 x
R2 = 0.0334928952

图 5.67　线性趋势分析

【实训反思】

散点图的作用是什么？还有别的方法来表示海洋温度的变化趋势吗？

技能点 5.5.2　海洋温度三维可视化分析

微课：海洋温度
三维可视化分析

【实训目的】

✓ 利用 GeoScene Pro 软件，学习利用 3D 贝叶斯克里金插值工具对海洋温度三维样本点数据进行 3D 插值，得到的海洋温度 3D 数据通过数据转换，使用体要素图层加载结果并进行剖切和等值面的分析。

【实训准备】

实验数据：海洋温
度三维可视化分析

✓ 软件准备：GeoScene 4.0 及以上版本。

✓ 数据准备：全球海洋温度数据——海洋数据 3D 可视化分析.gdb；体素数据——3D 海洋温度体素数据.nc；底图图层——世界地形图.lyrx、世界海洋图.lyrx。

✓ 实训内容：基于生成的 3D 样本点数据进行插值分析，制作 3D 的全球海洋温度分布图，创建体素图层并进行剖切和等值面分析。

【实训过程】

1. 基于海洋温度 3D 点数据进行插值

①海洋 3D 点数据投影变换。3D 插值要求数据具有投影坐标系，打开工具箱中的【投影】工具，将数据投影设置为 WGS 1984 Web Mercator（可在输出坐标系中点击右侧地球按钮，输入 WKID：3857 进行选择）。（图 5.68）

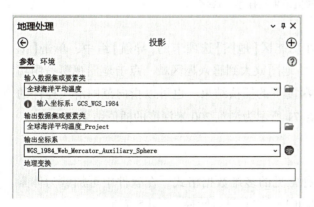

图 5.68　数据投影　　　　　　　　　图 5.69　3D 插值分析

②3D 插值分析。打开工具箱中的【3D 经验贝叶斯克里金法】工具，【输入要素】选择上一步投影的结果，【高程字段】选择 zvalue，高程字段单位为米，【值字段】选择 tempvalue。高级模型参数中用于插值的半变异函数模型类型选择线性（这里简单地认为温度变化随距离满足线性变化规律）。由于温度随深度的变化要快于其水平变化，这里把高程膨胀因子设置为 10。其他参数保持默认（要了解详细信息，可以点击右上角的帮助来查看每个参数的具体说明）。设置如图 5.69 所示，点击【运行】，结果将加载到地图视窗中。

③在局部场景中查看插值结果。为了更好地查看局部范围内 3D 插值的效果，我们将 3D 插值的结果图层复制到局部场景中。点击【插入】选项卡，在【新建地图】下选择【新建局部场景】，使用复制粘贴快捷键（Ctrl+C，Ctrl+V）将全球场景中的图层粘贴到新建的局部场景中。

④改变全球海洋平均温度点的符号化效果。右键点击全球海洋平均温度_Project 图层，在弹出的快捷菜单中选择【符号系统】，主符号系统选择【分级色彩】，字段选择 tempvalue，选择合适的配色方案，如图 5.70 所示，将根据海洋温度为图层分级设色。

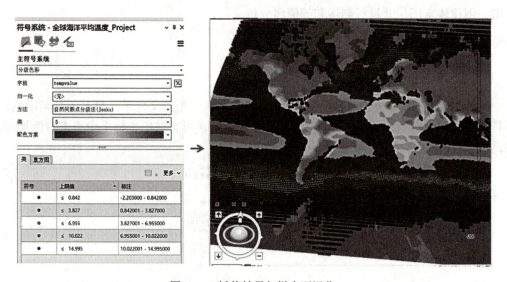

图 5.70 插值结果与样本可视化

⑤查看不同深度的 3D 插值结果。在功能区【地图】选项卡的【导航】组中，单击【浏览】按钮进行旋转、倾斜、平移和缩放，将地图放大到感兴趣区域。点击地图视窗右侧功能条中的▲按钮，地图将自动播放不同深度下的插值结果。也可以指向范围滑块控件的中间，并单击向上、向下按钮移动，图 5.71 所示为浏览 200 米深度的插值结果。

2. 体素图层的创建与分析

①转为 NetCDF 数据。NetCDF 是一种常见的多维数据格式，在软件中可加载为体素图层。在工具箱中搜索【3D GA 图层转 NetCDF】工具进行转换。（图 5.72）

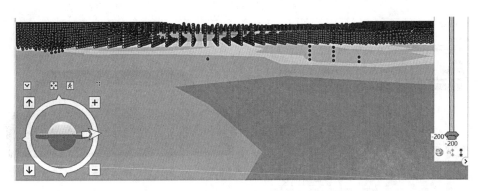

图 5.71　3D 浏览 200 米深度的插值结果

图 5.72　插值结果转 NetCDF

②加载体素图层。在【地图】选项卡中点击【添加数据】的下拉按钮，点击【多维体素图层】，随即弹出添加体素图层的选项卡，选择上一步生成的 NetCDF 数据，变量选择 3D_global_temp_Prediction_0，点击【确定】，随即体素图层将加载到地图中。(图 5.73)

③体素图层等值面分析。在体素图层上选择【表面】，在下方的【等值面】上右键单击【创建等值面】，在【体素探索】窗口可以滑动【值】来改变等值面的值，动态改变当前等值面，修改【名称】可以给当前等值面命名(图 5.74)。使用同样的方法，可以在一个体素图层创建多个等值面。

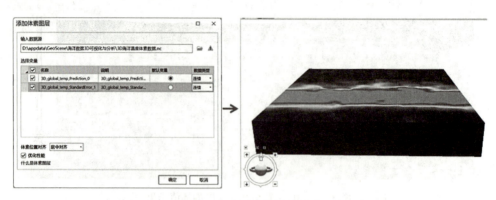

图 5.73　体素图层可视化

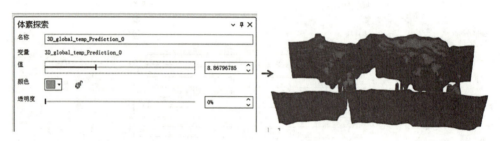

图 5.74　体素可视化效果

④体素图层剖面分析。在体素图层上选择【表面】，勾选下方的【节】，在【节】上右键单击【创建部分】，使用地图视窗下方的剖切工具可以进行切片位置、方向和角度的调整，双击鼠标左键完成剖切，如图 5.75 所示。

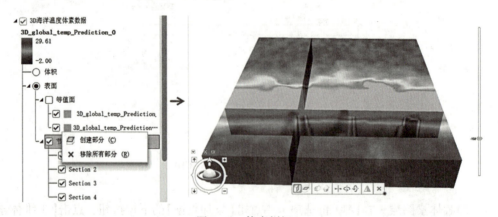

图 5.75　体素剖切

【实训反思】

海洋温度三维模型和建筑体的三维模型有什么区别？

【思政小讲堂】

地形图涉密等级

根据《中华人民共和国保守国家秘密法》的规定，地图数据涉密等级可分为绝密级、机密级、秘密级三个等级。

二维动画：地形图涉密等级

1. 绝密级

①1∶1 万、1∶5 万全国高精度数字高程模型。

②地形图保密处理技术参数及算法。

2. 机密级

①机密级涉及军事禁区的大于或等于 1∶1 万的国家基本比例尺地形图及数字化成果。

②1∶2.5 万、1∶5 万和 1∶10 万国家基本比例尺地形图及其数字化成果。

3. 秘密级

①非军事禁区 1∶5000 国家基本比例尺地形图或多张连续的、覆盖范围超过 6 平方千米的大于 1∶5000 的国家基本比例尺地形图及数字化成果。

②1∶50 万、1∶25 万、1∶1 万国家基本比例尺地形图及数字化成果。

③军事禁区及国家安全要害部门所在的航摄影像。

保密不是保守，我们要共同做好地图保密工作。

思考题

1. 三维专题地图与传统二维地图相比，在应用过程中有哪些优势？

2. 请举例阐述三维专题地图的应用场景。

3. 三维专题地图中涉及的地理空间数据是否存在隐私和安全风险？

4. 如何保障数据安全的前提下实现三维专题地图的合理应用？

5. 随着元宇宙、AR/VR 和人工智能技术的发展，预测一下三维专题地图未来的发展趋势和应用场景。

项目 6　新形态地图制作及应用

项目概述

本项目通过对台风路径图的制作及疾病传播链条地图的制作，了解新形态地图的表示方法、制作及具体应用。

学习目标

≫ 知识目标 ≪

✓ 了解新形态地图的基本概念。
✓ 了解新形态地图的应用。

≫ 技能目标 ≪

✓ 熟练操作 GeoScene Pro 软件进行台风路径图的制作。
✓ 熟练操作 GeoScene Pro 软件进行疾病传播链条地图的制作和应用。

≫ 素养目标 ≪

✓ 具备地图制作和应用的创新能力。
✓ 了解地图制图新技术的发展现状和趋势，提升创新意识，提高专业应用能力，增强专业自信，提高社会责任感。

任务 6.1　气象台风路径地图设计及制作

技能点 6.1.1　台风矢量时序地图设计及制作

微课：台风矢量时
序地图设计及制作

【实训目的】

✓ 利用 GeoScene 软件，基于台风路径数据集，构建台风路径以及
风圈，并进行时序轨迹演示。

【实训准备】

实验数据：台风矢量
时序地图设计及制作

✓ 软件准备：GeoScene Pro 4.0。

✓ 数据准备：typhoonMangkhut2018. csv，其中"lng""lat"字段表示
台风中心经度、纬度，"time"字段表示台风经过当前经纬度的时间，
"radius7_quad""radius10_quad""radius12_quad"分别表示七级、十级、
十二级的四向风圈半径（单位公里），例如以"radius7_qu"字段中的第一
行{'ne': 250, 'se': 150, 'sw': 150, 'nw': 150}为例，"ne"表示方向，后面的数字表示该方
向的半径大小，即台风在该点位，7级风圈的半径在各个方向依次是：东北（ne）：250 公
里；东南（se）：150 公里；西南（sw）：150 公里；西北（nw）：150 公里。（图 6.1）

time	lng	lat	radius7_quad	radius10_quad	radius12_quad
2018-09-07T20:00:00	165.3	12.9	{'ne': 250, 'se': 150, 'sw': 150, 'nw': 150}	{'ne': 0, 'se': 0, 'sw': 0, 'nw': 0}	{'ne': 0, 'se': 0, 'sw': 0, 'nw': 0}
2018-09-08T02:00:00	163.8	13	{'ne': 350, 'se': 150, 'sw': 150, 'nw': 250}	{'ne': 0, 'se': 0, 'sw': 0, 'nw': 0}	{'ne': 0, 'se': 0, 'sw': 0, 'nw': 0}
2018-09-08T05:00:00	162.9	13.1	{'ne': 200, 'se': 150, 'sw': 150, 'nw': 200}	{'ne': 0, 'se': 0, 'sw': 0, 'nw': 0}	{'ne': 0, 'se': 0, 'sw': 0, 'nw': 0}
2018-09-08T08:00:00	162.4	13.6	{'ne': 200, 'se': 150, 'sw': 150, 'nw': 200}	{'ne': 0, 'se': 0, 'sw': 0, 'nw': 0}	{'ne': 0, 'se': 0, 'sw': 0, 'nw': 0}
2018-09-08T14:00:00	160.9	14.4	{'ne': 220, 'se': 150, 'sw': 180, 'nw': 220}	{'ne': 0, 'se': 0, 'sw': 0, 'nw': 0}	{'ne': 0, 'se': 0, 'sw': 0, 'nw': 0}
2018-09-08T17:00:00	160.1	14.6	{'ne': 250, 'se': 200, 'sw': 180, 'nw': 250}	{'ne': 0, 'se': 0, 'sw': 0, 'nw': 0}	{'ne': 0, 'se': 0, 'sw': 0, 'nw': 0}
2018-09-08T20:00:00	159.2	14.6	{'ne': 250, 'se': 200, 'sw': 180, 'nw': 250}	{'ne': 0, 'se': 0, 'sw': 0, 'nw': 0}	{'ne': 0, 'se': 0, 'sw': 0, 'nw': 0}
2018-09-09T02:00:00	157.1	14.8	{'ne': 250, 'se': 150, 'sw': 150, 'nw': 250}	{'ne': 50, 'se': 50, 'sw': 50, 'nw': 50}	{'ne': 0, 'se': 0, 'sw': 0, 'nw': 0}
2018-09-09T05:00:00	156.2	14.9	{'ne': 250, 'se': 150, 'sw': 150, 'nw': 250}	{'ne': 50, 'se': 50, 'sw': 50, 'nw': 50}	{'ne': 0, 'se': 0, 'sw': 0, 'nw': 0}
2018-09-09T08:00:00	155.2	14.9	{'ne': 250, 'se': 150, 'sw': 150, 'nw': 250}	{'ne': 60, 'se': 50, 'sw': 50, 'nw': 60}	{'ne': 0, 'se': 0, 'sw': 0, 'nw': 0}

图 6.1　台风数据属性说明

✓ 实训内容：根据属性字段，在地图上展示台风路径，并根据三级四向风圈半径数
据，绘制风圈图，同时启动时序功能，按照时间顺序，动态展示台风追踪。

【实训过程】

1. 数据加载

①创建工程。启动 GeoScene Pro，创建"地图"模板工程。

②加载在线深色底图要素。在文件夹"台风矢量时序地图"中，右键单击"深灰色在线底图"，在弹出的快捷菜单中点击"添加至当前底图"。

2. 台风数据处理

①将台风数据表转为矢量点要素类。在【地理处理】窗格中，依次点击【数据管理工具】—【要素】—【XY 表转点】，在【XY 表转点】工具参数中，依图 6.2 所示进行参数设置，【输入表】选择"typhoonMangkhut2018. csv"文件，【X 字段】、【Y 字段】分别选择"lng""lat"，点击【运行】。

图 6.2　将台风数据表转为矢量要素类

②台风点符号化。在弹出的【格式化点符号】弹窗中，在"属性"标签页下，将默认的"形状标记"，修改为"图片标记"，点击"文件"按钮，在弹出的【浏览图片文件】对话框中，定位为文件夹，选择"typhoon. png"图片。调整"大小"参数，以达到合适效果。(图 6.3)

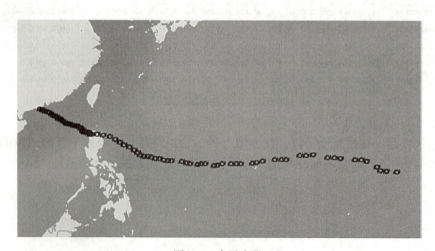

图 6.3　台风点位

3. 四向风圈制作及符号化

①四向风圈。GeoScene Pro 提供了【根据要素生成扇形视域】工具，可进行扇形要素的生成。为此需要准备四个属性字段，分别为"最小距离字段""最大距离字段""水平起始角字段""水平终止角字段"，如图 6.4 所示。

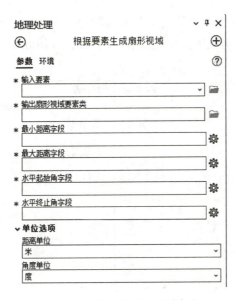

图 6.4　三级四向风圈所需字段

②四向风圈制作。练习数据提供了四向风圈的具体半径参数，如"radius7_quad"字段中 {'ne': 250, 'se': 150, 'sw': 150, 'nw': 150}，以其 'ne': 250 为例，即需要生成东北方向 250 公里半径的四分之一圆的七级风圈扇形区域，同理分别为 'se': 150，'sw': 150，'nw': 150 各生成三个不同方向的四分之一圆的七级风圈扇形区域，将四个四分之一圆的扇形区域进行【融合】，即可得到七级风圈。与七级四向风圈的构建方法相同，根据"radius10_quad""radius12_quad"字段分别构建十级、十二级风圈，结果如图 6.5 所示。需要运行 12

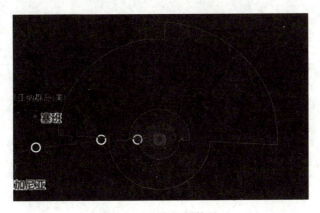

图 6.5　四向风圈符号

209

次【根据要素生成扇形视域】工具，生成 12 个扇形区域，再分别对七级、十级、十二级的各四向风向进行融合，即运行 3 次【融合】构建成三个级别的风圈。每次运行【根据要素生成扇形视域】需要四个衍生字段参与运行，共需要创建 48 个新字段，并执行 48 次【计算字段】进行字段赋值。以上工序多为重复运行，GeoScene Pro 提供了【模型构建器】和【Python 接口】，可简化重复工具。

③三级四向风圈构建。为快速练习，本实验提供了制作三级四向风圈的 Python 脚本工具。打开目录窗格中的【文件夹】—【台风矢量时序地图】—【三级四向风圈构建 .atbx】—【三级四向风圈构建】，利用该工具生成三级四向风圈。（图 6.6）

图 6.6　三级四向风圈构建工具

④加载三级四向风圈要素。加载上一步运行完成后生成的三个新的面要素类，并将其添加到地图中。在内容窗格中，按照图 6.7 所示顺序拖动图层，以正确显示叠加效果。

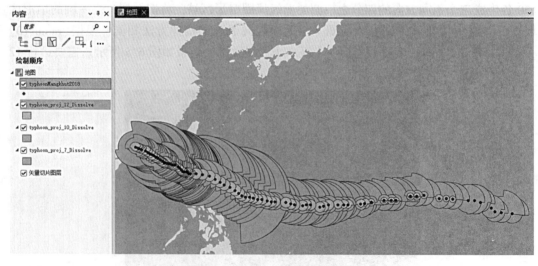

图 6.7　三级四向风圈叠加效果

　　⑤四向风圈符号化。在内容窗格中，点击任一风圈图层的"符号"，进入【符号系统】窗格，进行符号化配置。在【符号系统】窗格中，点击"符号"，在【格式化面符号】中"属性"标签页的第一个功能页中，点击"颜色"，在弹出的【颜色编辑器】窗口中，配置 RGB 及透明度属性，点击"确定"，再在【格式化面符号】中点击右下角的"应用"，完成第一个风圈图层符号配置。重复同样的操作，完成其他两个风圈图层的符号化配置，结果如图 6.8 所示。

图 6.8　四向风圈符号化配置结果

4. 台风路径符号化

　　①台风点转线。在【地理处理】窗格中，点击【数据管理工具】—【要素】—【点集转线】，在弹出的【点集转线】工具中，"输入要素"参数选择生成的台风点要素图层，点击运行生成台风轨迹线。（图 6.9）

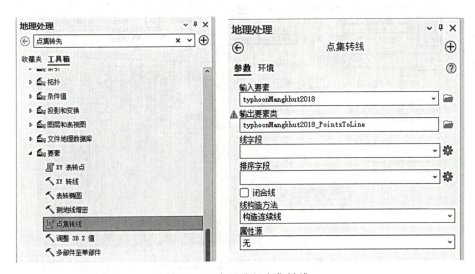

图 6.9　台风路径点集转线

②配置时间字段。在内容窗格中，双击台风点要素图层，在弹出的图层属性对话框中，点击【时间】，按照图 6.10 所示配置：勾选"根据属性值过滤图层内容"，时间字段选择"time"，时间间隔设置为"使用数据内的唯一时间进行查看"。另外，三个风圈面要素图层，也需要按照相同方法，配置"时间"属性。

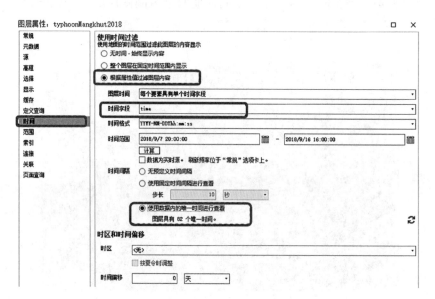

图 6.10　配置时间字段

③生成台风路径时间动画。配置完成上一步的时间后，会出现【时间】选项卡。点击【时间】选项卡，点击【时间】，激活地图中的时间配置，将【跨度】设置为"0.5 小时"，步长设置为图层，选择台风点图层，至此完成时序地图制作。点击【播放】按钮，即可进行台风时序地图动态展示。(图 6.11)

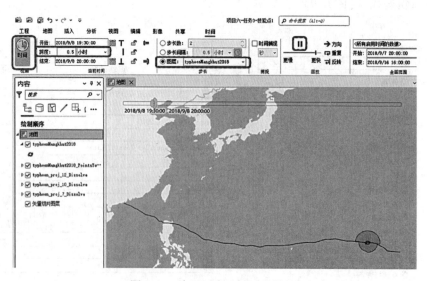

图 6.11　台风时序地图动态展示

【实训反思】

对于台风时序地图动态展示，你有什么创新的想法吗？

任务 6.2　传播链条地图设计及制作

技能点 6.2.1　传播链条地图设计及制作

微课：传播链条
地图设计及制作

实验数据：传播链
条地图设计及制作

【实训目的】

　　√ 链接图表是一种可视化数据中实体之间关系的方法，是地图的补充视图。利用 GeoScene 软件，学习 GIS 链接图表制作。

【实训准备】

　　√ 软件准备：GeoScene Pro 4.0 及以上版本。
　　√ 数据准备：传播链.gdb。
　　√ 实训内容：对预加载数据进行链接图表创建和编辑，设置实体和关系，实现传染病数据在 GIS 中的展示和简单分析。

【实训过程】

1. 加载数据

　　①创建工程。启动 GeoScene Pro，创建"地图"模板工程。
　　②加载数据。添加"传播链.gdb"中的各级感染者和密切接触者的相关数据。设置数据的符号化，将【主符号系统】数据设置成【唯一值】，【字段】设定为【测试结果】，在符号上将阴性和阳性区分开。可以自行按照简单的符号进行区分，亦可参考图 6.12 所示的符号样式，结果如图 6.13 所示。

图 6.12　符号样式

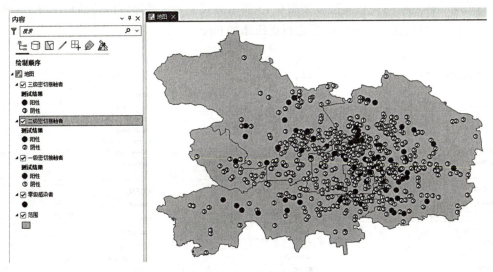

图 6.13　符号化结果显示

2. 传播链条地图制作

①新建链接图表。选择功能区，单击【插入】—【新建链接图表】，跳转到链接图表的视图中。点击【添加第一个实体类型】，设置实体类型。首先将零级感染者和各三级密切接触者实体之间的关系进行可视化，将其作为实体类型添加到链接图表视图中。（图 6.14）

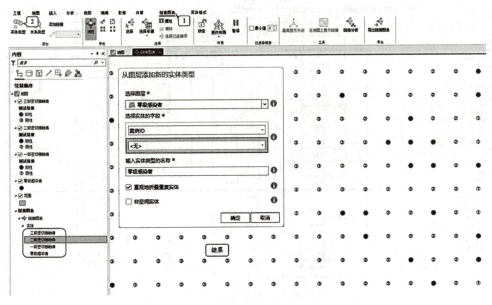

图 6.14　添加实体类型

②通过属性表中的【案例 ID】字段将各级数据进行关联，点击【链接图表】—【关系类

型】，添加实体之间的关系类型，按图 6.15 所示方式配置，按照零级传播至一级、一级传播至二级、二级传播至三级的顺序进行逐级添加和配置。

图 6.15　按顺序添加关系类型

③点击更改布局，按自己喜好设置排列顺序，可以看到各级感染者和传播者已经按设置的顺序进行排列了。（图 6.16）

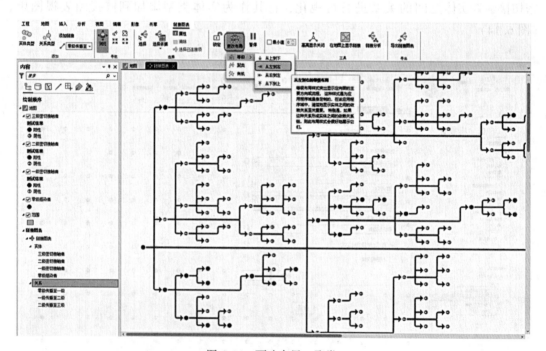

图 6.16　更改布局—聚类

④在内容列表中，选中某个实体，选择【实体格式】—【标注】，选择对应实体，将【案例 ID】或其他字段标注出来，这样可以方便地查看每级感染者的姓名或其他信息。

（图 6.17）

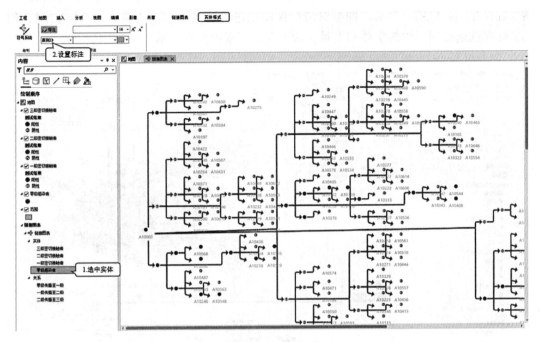

图 6.17　添加标注

　　⑤选择【链接图表】，在弹出的快捷菜单中选择【高亮显示开启】，鼠标悬停在实体上，可以看到对应的关系传播方向和所涉及的实体，也可以将其拖拽和缩放到具体数据上查看传播方向。（图 6.18）

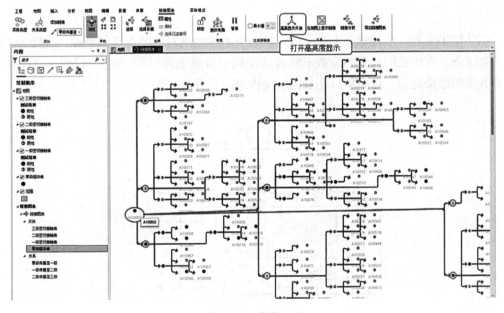

图 6.18　高亮显示

⑥选择【链接图表】，在弹出的快捷菜单中选择【在地图上显示链接】，即可同步在地图视图中显示实体之间的对应关系。单击选择【在地图上显示链接】后，将【链接图表】拖拽放置在显示区域的下半部，即可对两个视图框进行联动。点击选项卡上的【选择】，使用鼠标框选链接图表中的实体和关系，即可在地图框中高亮显示。(图6.19)

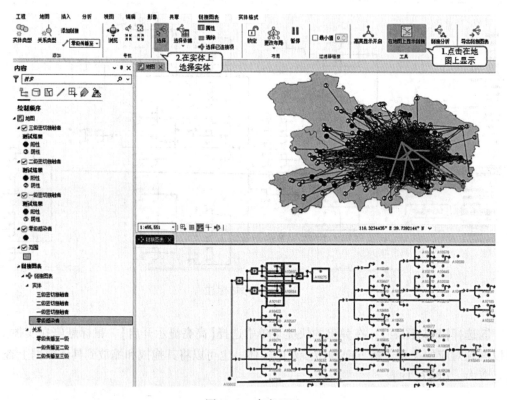

图6.19　高亮显示

⑦从结果来看，阳性感染者确实能在感染关系中找到对应的上级感染源，有较为清晰的传播链条。有少量的三级感染者不能直接找到上级感染源(图6.20)，说明这几个感染者有其他的感染途径，可利用其他数据或属性进一步分析。

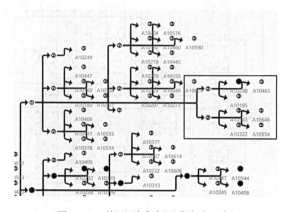

图6.20　找不到感染源感染者示例

⑧将这几个其他感染途径的数据单独提取出来，保存到数据库中。具体操作是：在数据库中新建【点】要素图层，将其命名为"其他感染者"，可导入之前图层中的字段作为模板自动创建，无须手动创建字段。在【链接图表】视图中使用【选择】工具，点选或框选对应实体后，切换到地图视图，选择复制，再将其选择性粘贴到新建的点要素图层中，即可完成数据的另存。

⑨加载数据库中的"过去 14 天去过的地点"，重新创建新的链接图表。在"过去 14 天去过的地点"和"其他感染者"图层中添加新的实体类型（图 6.21），并添加新的关系，得到新的链接图表。（图 6.22）

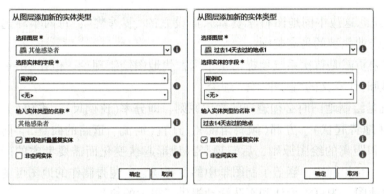

图 6.21　添加两个实体　　　　　　　　图 6.22　添加新的关系类型

⑩简单配置实体的标注，并更改布局为【聚类】，进行分析（图 6.23），可以明显看到这几个感染者都去过永顺餐厅，因此我们有理由相信这几个感染者是因为来过这家餐厅而感染。

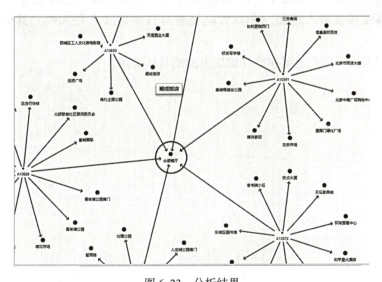

图 6.23　分析结果

【实训反思】

在传播链条图制作过程中，你对符号化的设置有什么改进的地方吗？

【思政小讲堂】

榜样的力量——裴秀

二维动画：榜样
的力量——裴秀

　　裴秀（224—271 年），字季彦，河东郡闻喜县（今山西省闻喜县）人，魏晋时期名臣、地图学家。裴秀主持编绘《禹贡地域图》（18 篇），开创了中国古代地图绘制学，被誉为"中国科学制图学之父"。他与古希腊著名地图学家托勒密齐名，是世界地图学史上东西方两位杰出的代表人物。

　　为纪念这位中国地图科学奠基人而设立的"裴秀奖"，每两年评选一次，现为中国地理信息产业领域的最高奖项。

　　裴秀在地图学上的主要贡献是首次系统地提出了中国古代地图绘制理论。他在《禹贡地域图》序中阐述了具有划时代意义的"制图六体"理论。

　　所谓"制图六体"，就是绘制地图时必须遵守的六项原则，即分率（比例尺）、准望（方位）、道里（距离）、高下（地势起伏）、方邪（倾斜角度）、迂直（河流、道路的曲直）。前三项是关于比例尺、方位和距离的绘图原则，后三项是因地形起伏变化而需要考虑的问题。这六项原则互相联系，互相制约，涵盖了制图学中的主要问题。裴秀制作的地图可谓是当时最详细、最精密的地图，为百姓生活和军队活动提供了很大的便利。

　　裴秀创立的制图标准，给后人留下了宝贵的遗产，其制图方法一直沿用到明清时期。

思考题

　　1. 你觉得未来地图还会发生什么样的变革？会产生哪些新形态的地图？

　　2. 如果将视频流嵌入地图，会对智能交通与自动驾驶有帮助吗？具体会有什么帮助呢？

　　3. 请举例阐述新形态地图在医疗健康方面的具体应用。

参 考 文 献

[1]王家耀，王光霞，江南，等．地图学原理与方法［M］．3 版.北京：科学出版社，2023.

[2]李丹，刘妍，倪春迪，等．地图制图学基础［M］.武汉：武汉大学出版社，2021.

[3]赵军．地图学［M］.北京：科学出版社，2021.

[4]邱春霞．现代地图学原理［M］.北京：科学出版社，2021.

[5]马耀峰，胡文亮，张安定，等．地图学原理［M］.北京：科学出版社，2004.

[6]何宗宜，蔡永香，高贤君，等．地图学实习教程［M］.武汉：武汉大学出版社，2021.

[7]王琴．地图制图［M］.武汉：武汉大学出版社，2013.

[8]祁向前，李艳芳．地图制图学基础［M］.武汉：武汉大学出版社，2023.

[9]何宗宜，宋鹰，李连营．地图学［M］.武汉：武汉大学出版社，2019.

[10]闫浩文，褚衍东，杨树文，等．计算机地图制图：原理与算法基础［M］.北京：科学出版社，2017.

[11]卢良志．中国地图学史［M］.北京：测绘出版社，1984.

[12]廖克．现代地图学［M］.北京：科学出版社，2003.

[13]周园．地图制图技术［M］.武汉：武汉大学出版社，2018.

[14]高俊．地图制图基础［M］.武汉：武汉大学出版社，2014.

[15]胡圣武．地图学［M］.2 版.北京：北京交通大学出版社，清华大学出版社，2020.

[16]张荣群，袁勘省，王英杰．现代地图学基础［M］.北京：中国农业大学出版社，2005.

[17]常占强．地图学实习简明教程［M］.北京：中国环境出版社，2014.

[18]李仁杰，张军海，胡引翠，等．地图学与 GIS 集成实验教程［M］.北京：科学出版社，2018.

[19]周文佐.地图学实习教程［M］.重庆：西南大学出版社，2024.